现代创意新思维

DESIGN

十三五高等院校
艺术设计规划教材

玩具设计与制作

项目教程

从小机构到大神奇

+ 张雯 编著

人民邮电出版社

北　京

图书在版编目（ＣＩＰ）数据

玩具设计与制作项目教程：从小机构到大神奇 / 张
雯编著. -- 北京：人民邮电出版社，2019.9（2024.1重印）
现代创意新思维·十三五高等院校艺术设计规划教材
ISBN 978-7-115-50474-6

Ⅰ．①玩… Ⅱ．①张… Ⅲ．①玩具－设计－高等学校
－教材②玩具－制作－高等学校－教材 Ⅳ．①TS958

中国版本图书馆CIP数据核字(2018)第294929号

内 容 提 要

　　本书详细讲解了玩具设计与制作的相关知识和实践项目，内容包括玩具设计准备、提高新意的玩
具设计法则、玩具设计的团队和实践制作、项目实战——小机构玩具创意设计、综合实战——创意玩
具设计与制作，以丰富的案例详解玩具创意设计方法，以 7 个动手制作的实践项目帮助读者理解和运
用玩具常用的小机构，最后以 6 个综合实战项目带领读者设计、制作完整的系列玩具作品。

　　本书适合作为院校玩具设计与制作相关课程的教材，也可供对玩具设计制作有兴趣的读者学习和
参考。

◆ 编　著　张　雯
　　责任编辑　桑　珊
　　责任印制　马振武

◆ 人民邮电出版社出版发行　　北京市丰台区成寿寺路 11 号
　　邮编　100164　　电子邮件　315@ptpress.com.cn
　　网址　https://www.ptpress.com.cn
　　涿州市般润文化传播有限公司印刷

◆ 开本：787×1092　1/16
　　印张：12.25　　　　　　　　　2019 年 9 月第 1 版
　　字数：220 千字　　　　　　　2024 年 1 月河北第 6 次印刷

定价：69.80 元

读者服务热线：**(010)81055256** 印装质量热线：**(010)81055316**
反盗版热线：**(010)81055315**
广告经营许可证：京东市监广登字 20170147 号

前言
PREFACE

    本书全面贯彻党的二十大精神，以社会主义核心价值观为引领，传承中华优秀传统文化，坚定文化自信，使内容更好体现时代性、把握规律性、富于创造性。

    玩具陪伴我们长大，有着几乎和人类文明一样久远的历史。"好玩"是玩具的魅力所在。

    随着时代的发展，玩具的种类越来越多，高科技的玩具琳琅满目，好玩、有趣、新奇的玩具让人爱不释手。面对如此纷繁的玩具产品市场，玩具设计者怎样才能设计出突围的好产品呢？答案当然是创新！儿童都喜欢新鲜的事物，只有创新才能设计出受其欢迎的玩具产品。

    那么怎样进行创新呢？什么样的玩具更有新意呢？"创造力"该如何充分发挥？怎样做才是有目的地想？应该怎样清晰地表达设计理念？面对这些问题，希望热爱设计的你可以从本书中找到答案。

    面对玩具设计，你可能也会遇到一些尴尬又棘手的事情，比如时间有限，没有专业的设计环境，只能使用非生产型的手动工具；没有理工学科的专业基础和机械学知识，或者早已忘记了力学原理；没有系统学过玩具设计课程……在本书中，你可以找到一些切实可用的方法来解决这些问题，把设计落实到图纸上，把想法变成实际的模型，甚至自己动手制作出好玩的玩具。

在开始设计和制作玩具之前，需要做的是"多看、多问、多感受、多总结"。你可以多去工厂参观，还可以多跑几个卖场和专卖店，并非常认真和有耐心地观察使用者儿童在玩玩具时的状态。因为玩具的用户群较为特殊，往往靠问卷得出的产品调查不能够准确反映客观事实，而需要通过观察他们的面部表情及玩玩具时的状态，来分析玩具产品的使用效果。我们还可以找产品开发或者销售的负责人，了解产品设计和销售等方面的具体情况。通过这样的方式，我们就可以收集到很多信息，这些信息帮助我们了解产品的市场情况，为设计玩具积累很多有用的创意和想法。积累多了，做设计的时候灵感自然也就多了。

从企业实践到教育教学，我们基于对玩具设计的方法研究，发现玩具创新设计有规律和方法可循。玩具产品的创新设计并不是了不起的非凡之举，创新能力也不是来自于天赋。相反，创新设计是一种能力或者技能，我们可以通过学习来掌握它。

本书由广州番禺职业技术学院产品艺术设计专业骨干教师及玩具工作坊负责人张雯承担全部章节的编写工作。

本书汇集了一些本人在授课时的真实范例，通过一年的归纳、绘制和整理，终集结成此书，在"综合实战——创意玩具设计与制作"一章中列举的玩具模型制作过程及模型草图等，均来自15级产品艺术设计班同学们在本人主讲的"玩具设计与企业实践"课堂中的实录。谨以此书献给热爱玩具、热爱动手、热爱设计的读者们。

最后很感谢人民邮电出版社及编辑桑珊，感谢广州番禺职业技术学院艺术学院，以及玩具设计工作室的何悦明、许朝任、梁红宇、曾艳玲等同学，他们默默无闻的基础工作，使得本书内容更加丰富翔实。

玩具设计行业的发展非常迅猛，专业教育也在不断地推陈出新，本书中难免有不足之处，敬请读者批评指正。

张雯

2023年5月于广州

目 录
CONTENTS

第1章
万事开头难，设计需准备

学习目标

了解玩具的历史和分类。
掌握玩具制造的材料。
认识玩具设计的意义。
认识玩具的设计流程和设计图的绘制。

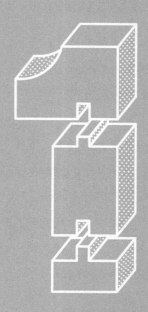

对于创新来说，方法就是新的世界，最重要的不是知识，而是思路。
——郎加明《创新的奥秘》

Section 1
玩具的历史和分类

玩具设计创新，并不是深不可测的非凡之举，创新能力也并非是与生俱来的天赋，而是可以通过学习去掌握的一种技能。

玩具陪伴我们长大，有着几乎和人类文明一样久远的历史。作为玩具产品，"好玩"才是最中心的设计理念。

在玩具设计之初，纠正误解，树立正确的理念是很重要的。大多数人，简单地认为玩具设计就是外观形象设计，也就是造型设计。其实不然，外观造型设计仅仅是玩具设计中的一部分。玩具设计可以分开讲，"玩"是玩法功能设计、市场需求设计、玩者喜好心理定位、外观设计等；"具"是生产，包括机械模型、电子内构、材料定位、工艺制作、玩具安全等。玩具设计是"玩"和"具"设计的结合。

玩具的发展历史

玩具的历史，几乎与人类文明的历史一样久远。无论在希腊、罗马，还是在中国、埃及，都出土过不少以前的玩具。考证所发现的史前遗物，证实了距今6000～10000年前就已经出现了原始玩具，如罗马人制作的布娃娃。

在中国，有很多历史悠久的传统玩具，这些玩具是劳动者智慧的结晶，例如七巧板、绣球、风筝、兔爷、布老虎、皮影、空竹、拨浪鼓等。我国50多个少数民族也均有其各有特色的游戏和玩具。这些民间玩具随着社会的发展变化而变化，有的已失传，有的已不适合如今社会生活的需要。

如今，越来越多的高新技术融入到了玩具产品的设计制造中，作为设计师，在追求高科技设计的同时，也有义务传承传统玩具的内涵，发展设计传统玩具，使玩具历史长河源远流长。

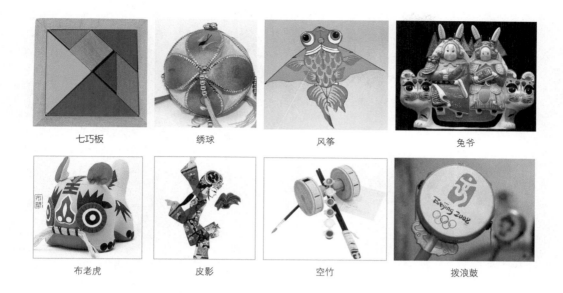

七巧板　　　　　绣球　　　　　风筝　　　　　兔爷

布老虎　　　　　皮影　　　　　空竹　　　　　拨浪鼓

多元化的玩具类型

玩具按功能可以分为六大类型：启蒙玩具、主题玩具、益智玩具、科技玩具、音乐玩具、健身玩具。

1. 启蒙玩具

启蒙玩具主要应用于小婴儿，该类玩具可以安抚婴儿的情绪，并帮助婴儿认识物体的形状或者颜色。

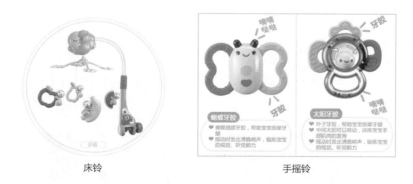

床铃　　　　　　　　　　　手摇铃

2. 主题玩具

主题玩具也叫作社会生活玩具，儿童可以通过这些玩具来模仿或者扮演一些社会角色，加强对周围世界的认识。主题玩具可以帮助儿童感受成人的世界，体会社会角色，丰富他们的社会知识，对儿童的社会化进程很有帮助，还可以培养儿童良好的个性和社会性。

主题玩具还可分为社会生活玩具和社会角色玩具。

☆ 社会生活玩具如可爱的娃娃玩具、生动的动物形象玩具等。

☆ 社会角色玩具有医生套具、停车场套具、木工套具等。

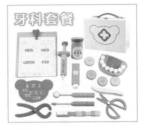

欢乐收银机 　　　　　　　　　医生玩具

3. 益智玩具

益智玩具是帮助儿童认识事物、开发智力的玩具，例如拼图、套塔、套碗、棋类等。

益智彩叠杯 　　　　　　　　　彩虹宝塔

4. 科技玩具

科技玩具主要是指借助发条、电池等来对其遥控的玩具，或利用物理、化学学科知识原理的玩具，如遥控车、机器人等。

机械特级遥控翻斗车 　　　　　蓝牙智能互动对话机器人

5.音乐玩具

音乐玩具是能够发出一些美妙乐曲的玩具，如各种模拟的电子琴或吉他、会唱歌的小狗、明星话筒等。

音乐组合　　　　　　　　　　　　　麦克风玩具

6.健身玩具

健身玩具也叫作体育类玩具，如各种球类、各种车辆（三轮脚踏车、小滑板车、电瓶车、小自行车等），还有一些传统的体育玩具如毽子、跳绳、风车、风筝等。

木质彩虹儿童保龄球　　　　　　　　酷玩三轮车

多样化的玩具制造材料

不同材质的玩具给人的感知不同，市场上常见的玩具制造材料有7种：金属、塑料、毛绒、电子元器件、纸类、黏土、新材料。

1.金属玩具

金属玩具给人以坚硬结实的感知，金属材料常用于制造铁皮玩具、车类玩具、陀螺类玩具、人形公仔类玩具等。

（1）传统金属玩具

铁皮玩具不仅为广大"70后""80后"的童年时光带来了很多乐趣，为他们留下了很多愉快的童年记忆，而且在中国制造业的发展史上具有代表性意义。

铁皮火车

铁皮机器人

（2）现代金属玩具

目前市面上有很多金属材料制作的玩具。金属材料可以用数控机床加工，质感好，更显高档。例如，悠悠球玩具使用金属材料是为确保产品的高精度，保证在玩的过程中悠悠球旋转的稳定性；陀螺玩具选择金属材料制作是因为产品需达到一定的重量才能保证产品的耐久度，展现较好的打斗效果。

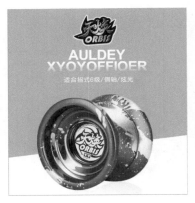

悠悠球

陀螺

2. 塑料玩具

由于塑料材料具有塑形能力强、易于加工、手感好、色彩鲜艳等特点，它已经成为当今玩具产品制作的首选材料。塑料材料的玩具亲和力好，容易清洁，适合制作婴幼儿玩具。

学步车

玩具方向盘

3. 毛绒玩具

毛绒玩具是以毛绒面料与PP棉（聚丙烯纤维）及其他纺织材料为主要面料，内部填塞各种填充物而制成的玩具，也可以称为软性玩具、填充玩具、毛绒公仔。我们习惯性地把布绒玩具也称为毛绒玩具。

毛绒玩具具有造型逼真可爱、触感柔软、不怕挤压、方便清洗、装饰性强、安全性高、适用人群广泛等特点。因此，将毛绒玩具作为儿童玩具、房屋装饰品及礼品都是很好的选择。

泰迪熊

4. 电子玩具

电子玩具是运用电子技术、采用电子元器件来控制动作或产生各种声光效果的机动玩具。按产品的工艺技术及功能结构的不同，可分为声控玩具、光控玩具、遥控玩具、机械玩具、电动玩具、电脑网络玩具、太阳能玩具、红外线玩具、激光玩具等。很多高科技玩具产品特别受儿童和年轻人欢迎，因为它们适应当代人们的生活方式和需求，帮助他们与当今的电子世界接轨。

遥控机器虫蜘蛛战士玩具

5. 纸制玩具

纸制玩具材料便宜、易于包装，可以更好地锻炼儿童的手脑协调能力。纸制品多用于制作一些拼、折为主的玩具产品。

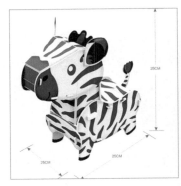

立体拼图

6. 黏土玩具

黏土玩具可以让儿童的手指更灵活、思维更活跃，提升儿童的空间思维能力和专注力。黏土玩具可以充分满足儿童的创造兴趣，促进家长和儿童的沟通互动，受到众多家长的欢迎。

魔法黏土

7. 新材料玩具

新材料玩具可以帮助孩子认识大自然，例如，蚂蚁工坊中的透明泥土是由海藻粉和极少的植物色素煮制的凝胶灌注而成，只要放蚂蚁进去，盖上盖子，宠物主人即可清楚地观看这些蚂蚁的生活。同时利用放大镜，可以看清楚蚂蚁的更多细节。小蚂蚁在蚂蚁工坊里，就像生活在自然界一样，进行劳作、活动、觅食、哺喂、争执、休息等。宠物主人还可以清晰地观察到蚂蚁挖掘巢穴和隧道的全过程，以及蚂蚁之间如何交流沟通、如何互相协作。

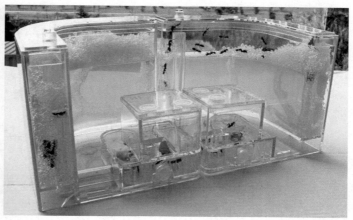

蚂蚁工坊

玩具设计的意义

玩，是儿童的天性，每个儿童都喜欢玩，玩具可谓是儿童生活中必不可少的"伙伴"。玩具这本无字的"教科书"，可以让儿童在玩耍中学习知识，接受教育，对儿童的心理健康发展有非常大的促进作用。

玩具本身就是一种表达语言的工具，较之于社会约定俗成的语言符号系统，玩具是儿童更为得心应手的"语言"。玩具更像是"教学大纲"或开放式的"课本"，为儿童留下了较大的自主建构、想象的空间，激发儿童的表达欲望，为儿童自由表达创造适宜的语言环境。

玩具知童心，儿童随着身心的成长，生活范围不断扩大，但还不能真正参与成人的活动，这就需要通过玩玩具和做游戏使孩子们模仿成人的行为及社交，在假想的情境中参与周围生活，从而得到欢乐和满足。玩具的最重要使命是伴随孩子成长，激发孩子的欢乐情绪。如果在孩子的成长过程中没有玩具的陪伴，没有任何外界刺激，孩子就会感到寂寞、无事可做，这种时候往往会养成很多不良的行为习惯，如啃手、拽头发等。

纵观人类的发展史，人类是先认识图形再认识文字的，在认识图形之前是先认识实物的。玩具正是儿童认识世界的工具，是他们生活中的好伙伴。

1 让机械师转动齿轮和汽车

2 在面包店和水果店购买新鲜的农产品

3 让医生检查身体

城市广场

Section 2
玩具的设计流程与设计图绘制

在设计中，我们常会遇到这样的问题：同样的设计，为什么别人的设计更加吸引眼球？

这是个值得探讨的开放性问题，解答这个问题，有三个关键词：创意，清晰，完整；以及一个关键句：有目的地想，清晰地画，把设计图纸化，把想法模型化。

下面我们来介绍玩具设计应该怎么入手，才能让你的设计更加吸引眼球。

玩具设计的流程

好的玩具与清晰的玩具设计流程是分不开的，玩具设计流程包括市场及用户调研、玩具创意设计、设计定义论证和实施生产。

1. 市场及用户调研

首先，设计师要了解客户的需要，知晓玩具产品的行业状况，从中找到设计的突破点，进而分析设定新的产品方向。市场及用户调研阶段包括以下工作：

- ✓ 前期调查、资料收集和研究工作；
- ✓ 发现需要解决的玩具产品中的主要问题；
- ✓ 同行业竞品分析，拟定策略；
- ✓ 研究开发平台和技术及宣传媒介；
- ✓ 形成初步创意理念。

市场调研的方法通常有以下几种：设计与分析调查问卷、让儿童进行新玩具试玩并总结试玩结果、销售额度分析、新产品展会调研等。

玩具的使用对象大多数为儿童，这就需要设计师了解儿童的需要。儿童在每个年龄段需要的玩具并不相同，不同性别的儿童对玩具的需求也不相同，所以必须根据儿童的需要及喜好去设计研究玩具。

　　儿童心理、生理各方面都处在快速生长发育中，对外界环境的适应性和抵抗力较差，可塑性较强。按照儿童心理发展矛盾运动的特点和主导活动的变化，儿童的心智发展分为以下3个阶段：婴儿期（0~1岁）、幼儿期（前幼儿期1~3岁，后幼儿期3~6岁）、儿童期（7~12岁），各个阶段儿童的特点及适合的玩具种类见下表。随着年龄和心智的成长，这3个不同时期的儿童对玩具玩法功能要求是不同的，年龄越大的儿童对于玩具的期望玩法要求越高。因为玩具常伴儿童左右，最直接作用于孩子的身心、伴随其发展，所以设计师在玩具设计中除了研究新颖的玩法，还需要更多地研究儿童的身心需要。

儿童身心成长特点及适合的玩具种类

儿童年龄	身体成长特点	心理成长特点	适合的玩具种类	需注意的问题
1岁以下	自身的协调能力较弱，身体活动不灵活	初步建立一些认知	各式各样、色彩鲜明的可移动玩具，如床铃、牙胶、黑白图卡片、婴儿健身架、摇摇马等	材料安全、边角圆滑、可以移动
1~3岁	身体不断成长变化，情绪不稳定，视觉、听觉、触觉逐步发展，借助肢体表达	动作思维	可敲敲打打的玩具、图画书、积木、球类玩具、可推拉（拖拉）玩具、低矮的车子、能旋转的玩具等	无可掉落小部件，防止儿童误食
3~6岁	好奇心强，语言敏感期，理解能力发展期，性格形成期	形象思维	故事机、拼图、画画颜料和刷子、木板和卡片游戏类玩具、锻炼小肌肉运动的玩具、教简单生活技巧的玩具（如扣扣子或系鞋带的玩具）、体育类玩具、变形金刚等	材料环保安全、内容积极健康、有想象力，可以提高小肌肉运动及生活能力、语言表达能力
7~12岁	个性、爱好已经比较突出，英雄情结，从众心理	形象逻辑思维	智力型玩具，如拼图板、积木、橡皮泥、组装玩具、科学模拟玩具、电子积木玩具；运动型玩具，如球类、绳类、小自行车、沙包等；技巧型玩具，如钓鱼玩具、画板和画笔、投球、套圈等	结构有一定的技巧性，有益智的功能，可提高学习兴趣、内容积极健康、关注户外运动、可锻炼身体

案例：儿童滑板车产品的市场及用户调查

　　儿童滑板车使用对象的年龄差别很大，市场中的滑板车产品有适合18月龄儿童的，有适合2岁儿童的，有适合5岁以上儿童的，有的则要青少年和成人才可以驾驭。滑板车适合的年龄局限性与滑板车的设计、重量、材质、玩法等问题息息相关。通过调查访问得知，购买者需要一款使用时间长、材质质感好、重量轻携带方便、儿童喜欢的滑板车。很多购买过滑板车的家长反映：以前旧款的滑板车适合的年龄层短、重、不便携带、尺寸固定、可塑性不强。解决消费者提出的问题，亟需一款新的滑板车来迎合市场的需要，据此，我们设计了一款时尚的"三合一儿童滑板车"。

产品特点：适用年龄层为1~5岁儿童，重量为20kg，车把手可调的高度范围为50~69cm。既可以满足年龄较小儿童滑行安全、舒适、顺畅的要求，又可以满足年龄较大儿童滑行酷炫的要求。

产品功能：

✓ 低龄儿童可以坐在座椅上滑行；

✓ 可以拆掉座椅，大龄儿童站在踏板上滑行；

✓ 当孩子再长高，可以将椭圆形把手换成T字形把手。

产品优势：符合市场需要和儿童成长需要，玩法多样，能培养孩子的运动感和平衡感；适用时间跨度长，一车三用，适合不同年龄儿童的需要；把杆可取下放入车内，方便携带。

三合一儿童滑板车创意理念　　　儿童滑行滑板车示意图（椭圆防撞把手）　　　儿童滑板车创意图

2. 玩具创意设计

创意设计的核心是创意，将之前调查的资料进行结果分析，提出创造性的解决方案，拟定创意方向。创意设计阶段包括以下工作：

✓ 提出概念、创意和设想及儿童的需求，从而进一步完善改进创意理念；

✓ 创意玩法设计、功能设定；

✓ 手绘草图设计、效果图绘制；

✓ 技术和材料分析，包括确定生产工艺、生产技术，生产成本核算；

✓ 设计方案形成。

案例1：启蒙玩具知音鸟的创意设计

智能感应玩具知音鸟采用塑胶材质，内含电子功能设计。用嘴对吹知音鸟3秒，可激活知音鸟的鸣叫功能，知音鸟的头和嘴巴会有节奏地活动，下载应用软件后还可用手机操控进行歌曲切换。

启蒙玩具知音鸟

案例2：音乐爬行小猴的创意设计

音乐爬行小猴是塑料类的电子玩具，通过声、光、电的搭配创造寓教于乐的玩具体验，有音乐能滑动的发光小猴可以带儿童一起快乐运动。有趣的声音可以刺激感官发育，对声音的模仿可以提高儿童的语言能力，与小猴互动运动可锻炼儿童的大运动能力与平衡感。

音乐爬行小猴

案例3：声光镭射追踪对战枪的创意设计

　　声光镭射追踪对战枪玩具的材质是ABS塑料和电子元件，通过对战枪发出的无色红外线击中对手眼镜上的接收器进而有效命中对方。

声光镭身追踪对战枪

3. 设计定义论证

　　本阶段通过用户的试用反馈来预测、优化新的创意设计方向，分析、评估各方案的可行性，从中选出最合适的新产品设计方案。优化玩具产品的外观、颜色及功能等细节的设计方案。设计定义论证阶段包括以下工作：

✓ 设定功能及产品颜色搭配，进行设计草图绘制；

✓ 运用三维软件辅助完成产品模型的建模设计；

✓ 制作设计玩具模型样板；

✓ 用户试玩，收集用户和市场的反馈；

✓ 再次修订设计方案，为生产做准备。

本阶段需要考虑包括技术（是否成熟可做）、材料（是否安全和充足）、成本（资金是否超出预算）、用户（用户使用调查分析）、商业（竞争对手及卖场信息）等各种现实的限制条件，从中找到最优的解决方案。

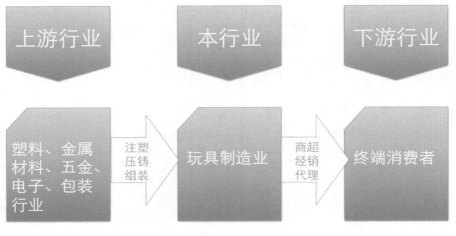

玩具行业产业链

4. 实施生产

产品设计方案经由市场部、设计部、工程部等几个核心部门审核确定后，可制订详细的生产计划书。经由新产品样板部门制作出玩具样板后，再次审核，调整修改制作细节，方可进入工厂实施生产。实施生产阶段包括以下工作：

✓ 提交定案的设计样本，制定生产方案；

✓ 确定生产需要的规格和技术，确定制作材料，测算成本；

✓ 玩具样板的试板；

✓ 新产品的试产；

✓ 印制玩具包装、说明书、宣传页及推广材料；

✓ 产品质检。

案例：玩具样板灰模的测试组装

制作灰模是为了看清玩具产品的造型细节，方便后期设计修改。

玩具样板灰模拼装图　　　　　　　　　玩具车生产线

毛绒玩具生产线　　　　　　　　　　公仔玩具生产线

✨ 玩具设计图的绘制

　　玩具草图绘制阶段常需要用的工具为笔类（铅笔、彩铅、勾线针管笔、马克笔等），玩具效果图绘制阶段，除上面介绍的工具外，我们还会用到电脑辅助设计工具（电脑绘图软件、手绘板等）。

1. 玩具设计的绘图工具

（1）铅笔

　　一支适合自己的铅笔是画好草图的开始，在用铅笔进行草图绘画的时候，通常为了区分产品的结构线条，可以选择彩色的铅芯。

（2）勾线针管笔

　　绘制玩具草图离不开勾线针管笔，可以选择0.1~0.8号的勾线针管笔各一支，用于在草图中确定结构勾线。

彩铅绘制的变形金刚大黄蜂　　　　　　　　　　勾线针管笔

（3）上色工具

用来上色的工具有：彩色铅笔、水彩笔、彩色圆珠笔、马克笔、色粉、手绘板（也叫数位板）。了解每种工具的性能，根据设计表现需要选择合适的工具。当前在设计领域常用手绘板进行色彩设计，它最大的优点是节省配色和修改时间，可以大大节约设计师的时间成本，它的出现逐渐代替了传统的上色模式。

手绘板

（4）扫描仪

对产品设计稿件及时进行扫描归档很重要。在归档时，可根据需要使用的图片的大小，来设置合适的DPI（Dots Per Inch, 每英寸点数），为后续修改图片做准备。

扫描仪

（5）电脑辅助设计工具

现今，利用电脑辅助设计工具进行设计，不但可以激发设计师的设计灵感，提高效率和精确度，还可以在激烈的市场竞争环境中，更迅速地修改设计方案，及时满足客户的需求，减少设计中的错误，方便后期修改和存档备案。

iPad绘画

2. 玩具侧视图的绘制

侧视图可以把玩具的外观及结构清晰地表现出来，展现玩具的三维效果，简单明了地呈现设计师的设计意图，是描述玩具最基础的方法，其画法比透视图更容易掌握。这里的侧视图是六面图的统称（顶视图、正视图、背视图、左/右侧视图、底面视图），下图所示为玩具大口仔的五视图。

玩具大口仔的五视图

学习侧视图的绘制是掌握透视图的前提。工程图纸上除几个重要的侧视图外，还会采用横截面和局部的剖面图来说明比较复杂的结构。美国工程制图标准中明确指出了绘制和阅读侧视图的方法。侧视图最基本的特征是物体被放置在画面的中央，俯视图是物体由上而下投影所得到的视图，其他侧面图的原理以此类推。

侧视图在设计的最初阶段优点很突出。透视图经常会漏掉玩具设计师某些关于小细节的想法，而侧视图则可以弥补这些小疏漏，所以侧视图是充分表达设计产品的好帮手。

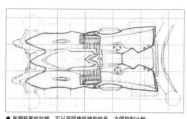
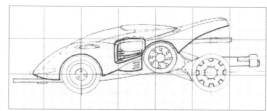

● 画侧视图的时候，可以用网格纸辅助绘画，方便控制比例。

● 可以绘制几个其他角度的设计图，以便表达产品各个角度的特点。

玩具四驱车侧视图表现

3.简化造型，为画透视图做准备

对于一些结构过于复杂的玩具，在造型上需要简化和概括，简化造型的方法能够帮助设计师将复杂的玩具结构转化为容易理解的简单造型，可以更加快速地画好复杂的玩具产品，还对初学者快速掌握绘制玩具产品的方法有很好的帮助。

✓ 简化造型的关键：发现、分析复杂玩具的结构特征，对产品进行拆分和简化；

✓ 简化造型基本步骤：制定分析计划→简化物体造型特征（即将复杂的形体用简单的几何形体来表现）→画出需要的设计图；

✓ 简化造型的好处：提高画图效率。

案例：玩具屋从简化造型到草图绘制

首先分析产品的形体特点，利用参考线辅助简化产品的造型，再画出玩具的细节，最后整理定稿。

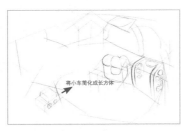

将小车简化成长方体

● 由于安全等问题，玩具产品比其他产品的圆角相对要多，在画之前先简化，用直线画出大概位置和简化的图形。

● 逐一画出玩具每个细节的草图，对于这种大场景的玩具设计，大的定位很重要，定位好了，小细节也就可以很方便地添加进去。不要吝啬辅助线，对于一个角充偏多的设计来说，辅助线很重要。

● 整理多余的参考线，让产品更加明确，为初步试色做准备。

玩具屋的简化造型到草图分步图

4. 玩具透视图的绘制

如果想画出好的玩具效果图，合理的透视关系及基础的透视知识都是必不可少的。

画透视图的时候，我们可以选择那些最能说明物体造型或者结构关系的角度。合理的角度可以方便他人更快地理解玩具的设计内容，节省沟通时间。

透视图可以让玩具的表现画面呈现出不同的比例关系，是辅助理解玩具产品设定必不可少的重要设计图。通过玩具产品的透视图，可以更加真实地理解玩具的体积、空间、比例、功能等。

玩具四驱车的透视图表现

与手的尺度比较

玩具蜘蛛侠的草图表现

影响玩具透视图的重要因素有：选择玩具的透视视角、比较玩具的合理尺度。

（1）如何选择玩具透视的视角

我们可以从任意不同的高度、不同的方向观察物体。实际上，每个玩具都有一个最能体现其造型和结构特征的角度。用图来阐述产品的时候，需要选择最能够体现产品功能的角度来画透视图。这样做的好处是，既可以全面地表现其结构和造型，又可以避免因不理解设计点而造成沟通时间的浪费，便于他人快捷地理解产品设计。

案例：游戏机透视图的角度选择

游戏机的透视角度选择可以充分表现游戏机的造型特点；准确表达游戏机的按键

和操作屏幕；游戏机产品本身的厚度也可以很直观地感受到。

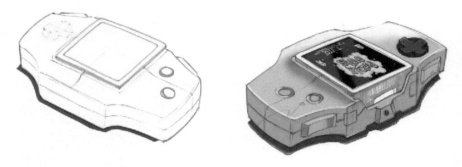

游戏机的透视图表现

（2）如何比较玩具的合理尺度

尺度是影响透视图的重要因素之一，它是通过比较的方法得来的。物体的尺度取决于透视，尺寸大小由眼睛与物体之间的距离决定，该距离即为视距。如果视距过大或者过小，观察到的物体就会呈现视觉扭曲，影响透视效果。

5. 玩具的玩法说明图

玩具的说明图是透视图的补充说明，用于更好地解释玩具产品的功能。玩具说明图对于玩具设计很重要。当透视图不能够表达设计思路时，就需要对产品的功能进行详细说明。

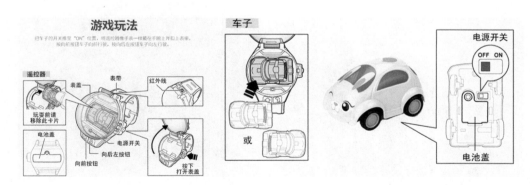

玩法说明

6. 玩具设计色彩的运用

色彩在儿童玩具设计中具有刺激儿童感官、明确玩具功能的重要作用，且是赋予产品"精神价值"的最直接、有效且最经济的手段之一。色彩在玩具设计中往往具有先声夺人的效果，对产品信息的传达效果远远优于图形和文字。

　　色彩是儿童玩具设计的重要语言和因素，玩具的色彩性主要针对用怎样的色彩更加符合儿童的视觉喜好及身心发展。它的设计原则为，从儿童独特的视角出发，充分了解儿童的心理，通过色彩的应用吸引儿童的注意力，帮助儿童增长知识、启发智力、了解外部世界。

　　下图是玩具设计的草图色彩绘制。

● 试色，可以先选一个最明亮的颜色来尝试，先画暗部之后过渡。颜色的明度确定之后就可以大胆地进行其他配色了。

● 颜色搭配中，大笔触和较鲜明的明暗对比，可以直观地感受玩具的设计效果。

启蒙玩具产品设计绘画试色1　　　　　　　　　　启蒙玩具产品设计绘画试色2

　　玩具产品实际色彩设计与应用，请参看如下实例。

玩具产品色彩运用实例之四驱车

玩具产品色彩运用实例之四驱车（续）

玩具产品色彩运用实例之魔法手镯1

玩具产品色彩运用实例之魔法手镯2

便携手提式设计

小宝盒上的把手设计，方便宝宝随时随地玩耍，更能锻炼小宝宝的臂力哦！

玩具产品色彩运用实例之益智形状认知打电话玩具

tip：如何让自己的创意如泉涌一般？

在设计的过程中，想让自己的创意如泉涌一般，生活积累是很重要的。玩具设计是一门综合性的边缘学科，既需要文科的感性理念，又需要理科的理性基础。正如设计格言所说"设计源于生活，细节成就品质"。作为设计师的你需要在生活中，积极地搜集素材，可以随身准备一本便携式的创意资料收集本，也可以称之为"创意记事本"。用这个本可以随时随地记录最新的创意和灵感，还可以练习手绘。当我们手足无措、脑袋空空地面对新项目时，就可以翻翻这个"神奇的记事本"，可能无意中记录下的一个小创意就是开启创意灵感的钥匙。

⟫ 本章小结

玩具陪伴人们长大，有着几乎和人类文明一样久远的历史。玩具虽然是一本"无字书"，但是它承载了诸多的内容，不仅可以看作"教学大纲"，还可以看作开放式的"课本"。玩具设计企业和设计师有义务为儿童创造快乐，设计出更多的有益于儿童身心健康发展的好玩具。

⟫ 小练习

请结合实际工作学习需要思考，玩具设计应该怎样入手才能更吸引眼球？

第 2 章
提高新意的玩具设计法则

学习目标

掌握玩具创意设计的关键点与创意方法。
了解玩具的系列化优势。

"形式追随功能"。
——路易斯·沙利文

Section 1
玩具设计创意方法

市面上已经有如此丰富的玩具，为什么仍然需要玩具设计师呢？

儿童和成人一样喜欢新鲜的东西，哪怕只是换了一个造型。这就意味着我们设计师也必须努力地推陈出新，满足儿童的好奇，让童心得到满足。于是，玩具市场上的玩具品类更新的步伐就越来越快。

作为设计师，面对这些琳琅满目的产品，如何让自己设计的玩具突围？设计师与普通消费者看产品的角度不同，他们更加关注产品的灵感从何而来，创新手法是什么，怎样让玩具更有趣和有意义，以及吸引消费者的卖点是什么。

好的玩具设计往往源于好的创意。毫无疑问，玩具设计的最终目标在于打破常规、创造新的玩法和功能。

玩具创意设计的关键点

通过对市场上流行玩具的分析，我们可以归纳出一些玩具设计的关键点，作为玩具创意设计尝试的开始。

1. 在玩具的功能上寻求突破与创新

玩具功能是玩具产品的灵魂，所以玩具的功能设计是玩具设计的核心。

玩具产品按功能可以分为启蒙、益智、科技、音乐、健身等种类，不同功能的玩具，可以满足儿童不同方面的身心发展需要。

设计思路：打破原有物品的固有设定；仿生设计的同时兼顾电子科技创新。

案例：仿真电子宠物鱼

仿真电子宠物鱼中电子鱼的设计灵感来自动物鱼，但功能更优于动物鱼，更适合儿童玩耍。不需要烦琐的喂养，将它们随意放在鱼缸内只需要充电就可以使其游来游去了。动物鱼可能会有尖角毛刺，电子宠物鱼也优化了这点。

仿真电子宠物鱼

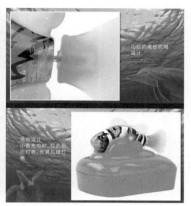

仿真电子宠物鱼的优点1

仿真电子宠物鱼的优点2

2. 关注玩具产品的生命周期

玩具的生命周期取决于市场的流行趋势以及儿童的喜欢程度，它体现在两个方面：第一，儿童玩玩具的周期；第二，玩具的适应年龄跨度。

由于市场流行趋势日新月异，儿童兴趣不断转移，玩具产品的生命周期一般相对较短，因此我们在设计时就要注重延长玩具产品的生命周期。

设计思路：功能玩法多变；扩大儿童的想象空间；适当变换同类产品的内容来满足儿童更新的兴趣爱好。

案例：乐高玩具

乐高是市场中典型的"不过时"的玩具。"无穷无尽的玩法"为乐高赢得了超长的生命周期。乐高品牌为各个年龄段的儿童开发了不同规格的玩具。例如，为婴幼儿设计的防止误食的积木是正常积木体积的8倍。乐高玩具以启迪儿童创造力为目的，设计了不同的流行主题场景系列，利用积木拼搭玩法的无限创造性，以及自由拓展的玩法体验，在6~12岁儿童的积木玩具市场中取得了核心地位。

目前，乐高在全球120个国家中占有巨大的市场份额。据统计，有超过3亿儿童拥有乐高玩具，儿童每年花在乐高积木上的时间总计约为50亿个小时。

乐高积木

3. 赋予玩具真实生命感——关注玩具设计的主题性

玩具本身是没有生命的，但儿童需要有真实生命感的玩伴，儿童时常会认为某个玩具有真实的生命。当玩具拥有了丰富的背景主题故事后，它就已经不仅是可以玩的一个物件，而是儿童成长过程中的"朋友"。所以赋予玩具真实生命感可以有效地增加玩具的魅力。有一个好的主题，对于不具备特殊声光电功能的公仔类型的玩具来说，无疑成功了一半。

设计思路：引入真实的生活主题；引用好的故事；配合动画片来进行设计等。

案例：森贝儿家族系列玩具

森贝儿家族系列玩具的设定主题是森贝儿村里小伙伴们的故事，故事场景有森贝儿村商店、沙滩、学校等。森贝儿村的日常生活里充满了喜怒哀乐。儿童可以通过代入主题故事玩玩具，玩具在情感方面与孩子产生共鸣，而且主题设计还可以促进同系列产品的销售。

森贝儿家族系列玩具

4. 玩具设计需关注玩具本身的趣味性

趣味是指有趣、童趣，玩具可以传达趣味，一款玩具是否有趣是儿童是否选择它的重要原因。玩具的趣味性设计也是玩具设计组成中不可缺少的一个设计环节，趣味设计可以为儿童创造一种快乐愉悦的体验。其设计原则是，玩具设计的趣味点要符合儿童的心智发展。造型可爱、诙谐幽默，这种新鲜的刺激总能触到家长及儿童的神经。

设计思路：从形态趣味化、结构灵活化、表情拟人化、装饰趣味性等几个方面入手。

案例：人物五官益智贴

从玩具"人物五官益智贴"中，我们可以看到渗透其中的幽默感和童趣，有趣的五官通过不同的组合拼装可以组成不同的人物，这些人物有沉默的画家、搞笑的小丑等。在玩具的背面还可以画图，满足儿童的创新欲。

人物五官益智贴

5. 关注玩具设计的色彩设定

色彩是儿童玩具设计的重要语言和因素，玩具的色彩性设定主要针对用怎样的色彩更加符合儿童的视觉喜好及身心发展。

设计思路：从儿童独特的视角出发，充分了解儿童的心理，通过色彩的应用吸引儿童的注意力，帮助儿童增长知识、启发智力、了解外部世界。通过查阅儿童心智发展的资料得出：0~4个月是视觉发育的黑白期，在这段时间，宝宝看到的只是黑白两色，而且视物距离只有20~30厘米。4~12个月，宝宝会迎来视觉的色彩期，这个时期，宝宝的视觉神经对彩色的东西非常敏感，视物距离也扩大到了1~2米。了解了儿童对颜色的认知过程，我们在设计玩具的时候就要遵循儿童的身心成长，从儿童的视角出发，充分了解不同年龄段儿童的色彩心理，尊重孩子的喜好，设计适合并有助于儿童成长的玩具。

案例1：婴儿健身架玩具

婴儿健身架玩具的色彩设定要符合婴儿的视觉需要。婴儿玩具颜色要多样且有一定的柔和度，一般选择粉蓝、粉绿等颜色。长时间看特别鲜艳的颜色会对婴儿的视力产生刺激，造成他们视觉疲劳。此款玩具有反光小镜子、脚踏琴按键、丰富柔和的颜色，可起到锻炼婴儿手指抓握能力、促进其背颈发育的作用。

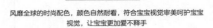
时尚国际配色 颜色柔和

风靡全球的时尚配色，颜色自然耐看，符合宝宝视觉审美呵护宝宝视觉，让宝宝更加爱不释手

婴儿玩具（色彩柔和）适合0~12个月的小婴儿

1岁以上的孩子就不满足于简单的色彩了，介乎中性的颜色如草绿、浅蓝、宝石蓝等，儿童慢慢对其有了感知，2~6岁期间的儿童可以充分感受五光十色的大自然、万紫千红的世界。

案例2：彩色积木

彩色积木丰富的颜色深受儿童喜爱，积木玩具提供更多发挥儿童想象力和创造力的空间。并能发展儿童的组织力和理解力，增强其耐力及对建筑科学的兴趣。

儿童积木（色彩绚丽，适合12个月以上的儿童）

玩具创意设计的方法

好的方法和准确的设计切入点无疑是指导玩具设计的好帮手，玩具设计需要打破单一的传统玩法规则，设计方法需呈现出多元的趣味标准和市场价值取向。创意玩法

设计的最终目标在于打破常规玩法，创造新的游戏法则和解决新的问题。

传统的设计方法论大多仅停留在理论层面，难以落实在具体设计上。目前各种玩具小产品的创意设计，远远打破了"功能决定形式"这种单一的传统造型规则，呈现出多元的审美标准和市场趋向，以当今玩具流行潮流和设计趋势为导向，整合多种玩具制作材料。以下罗列出一些具体且可用于指导设计项目的设计方法，或许你的设计就可以从此处得到灵感并放大和实现它。以下方法在具体运用实施时可单独使用也可同时共用。

1. 二维与三维的转变

它是通过二维平面与三维立体之间转变而创造出新产品的设计手法，具体包括二维图转换成三维玩具等。

三维立体拼图

2. 产品体量的转换改变

它是通过运用放大或者缩小这两种应用方式，改变产品实际大小和比例而创造出新产品的方法。

派对套内含一张桌子和四张椅子并包含派对帽、礼盒和桌上的食物

小家具玩具

缩小的杯缘子玩具

3. 材质的转换

它是通过对软硬质感材料的转换、局部改变材料、改变原有产品的材料和外观处理而创造出新产品的方法。

绒毛泰迪熊

树脂泰迪熊

塑料陀螺

金属陀螺

4. 功能的转换

它是通过运用功能的叠加、功能的剥夺、以及功能的局部拼接这几种应用方式来改变原玩具的功能而创造出新玩法的方法。

在玩具设计中经常用到功能叠加，叠加两个或者多个不同功能，创造出新形态和新功能的新玩具。

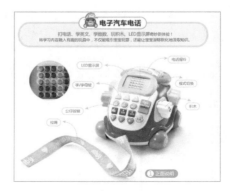

电子汽车电话玩具

运用功能的剥夺，可以剥夺物体本身的功能，创造出新形态的玩具。

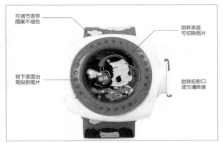

投影手表玩具（剥夺了手表本身的功能，变为投影玩具）

　　功能的局部拼接，通过拼接两个或者多个常见的玩具，创造出新形态和新功能的玩具。

动物手抓球（手抓球和动物的局部拼接）

5. 制作的互动

　　大胆尝试互动模式，赋予玩家双重身份。通过让玩家参与玩具的制作过程，可以创造出更具特色的玩具。

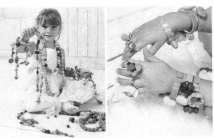

串珠玩具（可以根据自己的设计自行制作）

6. 玩具情感的拟人

　　玩具产品以拟人、具象的造型，创造出有表情或情感倾向的玩具产品。

菲比精灵电子宠物

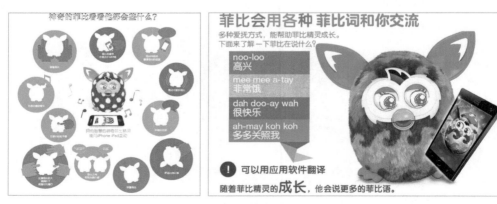

菲比精灵电子宠物游戏设定

Section 2
玩具系列化设计

面对如此激烈的市场竞争和迅速更新的要求，企业仅靠一件王牌产品站稳市场已经不可能了。在大公司中，系列化的玩具产品线已经取代了单件的玩具产品，并整合多个系列产品线做品牌化推广。好的玩具产品系列中，所有产品像出自一个管理有序的大家庭，每个个体都"说统一的语言"，产品之间遵循共性的同时又不失个性。产品系列中的各个组成部分"各负其责"，各自发光。

小狮子主题—学步推车

小狮子主题—四合一学步推车

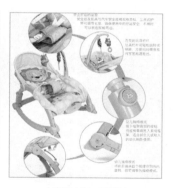

小狮子主题—摇摇椅

❯❯ 玩具呈系列化的优点

随着市场的发展变化，单独的一个玩具很难在市场上站住脚，所以以系列化产品的状态出现在市场上的玩具，更容易深入人心和满足消费者的各种需要。

1. 有益于设计开发和生产

在设计开发方面，通过系列化的设计可以有效地使用通用卡通造型，节省设计造型的时间；在生产方面，系列化的产品使用通用模块和材料，节省了同系列玩具的开发成本，加快了玩具系列更新的速度。

系列玩具通用卡通造型—喜羊羊、美羊羊牙胶

系列玩具通用卡通造型—喜
羊羊、美羊羊音乐圈

系列玩具通用卡通造型—喜
羊羊小柠檬跑车

使用通用零部件模块和材料——乐高工程车

使用通用零部件模块和材料——螺母组合拆装玩具

2. 有益于陈列和销售

以系列化形式陈列的玩具具有连续性，给人以统一感，而且产品线丰富，有利于促进销售。

芭比珍藏系列

芭比上海旗舰店

芭比小黑裙系列

3. 有益于消费者选购

系列化的玩具产品，具有整齐划一的可识别性和品牌认知，更符合消费者的需求形态，可以满足不同年龄层儿童的成长需要。

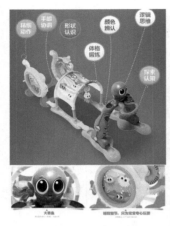

海洋系列——成长乐园　　　　　海洋系列——成长乐园功能　　　　　海洋系列——欢乐八爪鱼

4. 有益于提升企业的品牌形象

系列化的玩具产品以统一的设计语言，树立和提升企业的整体品牌形象。

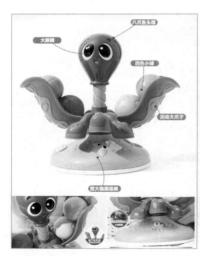

海洋系列——欢乐八爪鱼功能　　　　海洋系列——戏水八爪鱼　　　　海洋系列—戏水八爪鱼功能

整合玩具产品系列化的方式

如何从已有的产品线中整合开发出系列化的产品？下面，我们介绍5个简易可行的策略。

1. 主题形态的延伸——平面延伸、立体延伸

玩具产品运用一系列相近的平面或者立体形象设定图形，统一开发一系列玩具产品。

平面到立体的延伸

2. 统一CMF延伸——色彩、材料、工艺延伸

CMF（Color，Material and Finishing）指产品设计的颜色、材质与工艺基础认知。统一CMF延伸即选用一种或同一系列的相近色彩、同类型的材料，运用统一的工艺整体开发系列玩具产品。

知音系列动物

3. 选用统一的抽象形象主题

运用可以体现系列玩具内涵的卡通抽象形象主题，统一开发系列玩具产品。

乐迪超级飞侠系列玩具1

乐迪超级飞侠系列玩具2

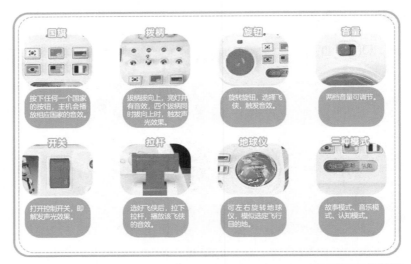

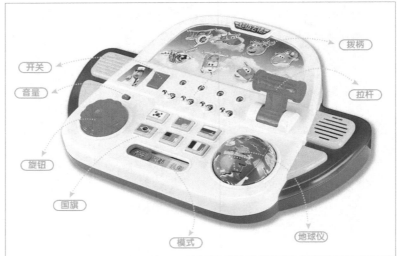

乐迪超级飞侠系列玩具3

乐迪超级飞侠系列玩具4

4. 同类产品跨年龄段进行系列延伸

针对不同年龄段儿童的喜好，运用相同的生产线与工艺，只改变产品的大小、规格，调整外观，满足不同年龄段儿童的需求。

芭比系列—小凯莉树屋（较低年龄层）

FASHIONISTA

她们拥有各自的职业，不同的形象，不同的性格
她们按自己想要的方式勇敢生活，不给自己设限

她们就像生活中的任何一个女孩，
自信、真我！

芭比系列—时尚达人1（较高年龄层）

芭比新改变

让女孩在不同的美丽中寻找更多的自我风格

多种
不同肤色

多种
不同妆容

多种
时尚发型

多款
时尚造型

芭比系列—时尚达人2（较高年龄层）

5. 同类拼插模块采用不同主题进行系列延伸

使用相同的拼插结构及类似的模块，可采用放大或者缩小基本模块、设计不同情景主题的方式进行产品线的系列延伸。

乐高系列玩具一宝宝幼儿园

乐高系列玩具—高速追捕

本章小结

　　玩具设计的难点在于如何打破常规，创造新的玩法和功能。好的玩具设计离不开新鲜的创意。拥有好的创意离不开市场，作为设计师始终都要心系市场，多积累、勤总结、敢突破，才能更快冲出瓶颈，创造神奇。

小练习

　　除了本文提到的玩具创意设计的方法，你还知道哪些好的方法？可结合实例说明。

第 3 章
玩具设计的团队和实践制作

学习目标

———

了解玩具设计的团队和分工。
理解玩具设计实践项目的制作流程。

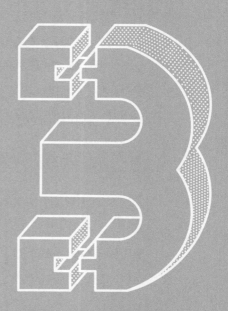

"兴趣是最好的老师"。
——爱因斯坦

Section 1
玩具设计的团队和分工

团队管理

在一个优秀的产品设计团队中，不一定要求其成员个个都是顶级的设计师，但是需要不同人员进行合理的搭配与协作。这就好比踢足球，全部队员都为进攻好手的队伍依然打不过合理分工的队伍。在玩具设计项目中，以5人左右的设计团队为例，从专业角度讲需要1~2名高级玩具设计师，他们能独立创新完成重要的大型玩具设计项目，严谨地创新和思考产品的每一个细节；1名

擅长绘画的设计师，进行产品配图的各种卡通场景插画设定；1名擅长玩具工程结构设定的工程设计师；1名擅长玩具包装设计的平面设计师，可以完成玩具的包装设计；还需要1名产品经理去及时地了解和把控玩具的市场情况。团队内专业互补很重要。

团队学习

团队学习很重要，它不仅可以增加个人的设计能力，还可以增强团队内的专业学习交流。

聆听学习管理者的思路，有助于我们对设计产生兴趣，从而萌发热爱，有了热爱就会去钻研，通过钻研就会产生疑问，随后会产生解答疑问等一系列的团队学习活动，这

无疑会对团队的发展进步帮助很大。

团队学习中的专业分享就是一个不错的团队学习方式，定期分享自己的设计心得，可以培养设计师有意识地定期整理自己的设计项目以及总结自己的设计想法。通过系统的整理分享不仅可以提高个人的设计思辨能力，同时也增加

了团队内专业交流的火花碰撞。在一个团队中，设计师个人的成长非常依赖于团队氛围，团队和个人都需要持续性的成长。当整个团队死气沉沉、毫无生机，每个人都各自为营，这无疑就是设计管理的缺失。

Section2
实践项目制作流程

实践项目制作中，在有限的时间内做出好玩的玩具并不是一件很容易的事情。这往往需要几个部门之间的相互协作，要求设计师画出的图稿不仅要满足设计图的美观需要，还要满足产品制作的需要，方便他人理解和识别。所以本着能制作、好理解的目的去画图很重要。设计师在构思和画设计图纸时需注意以下几点：

第一，清晰地表达自己的设计思路，必要的地方需要结构放大，做好特别设计的批注（可用图表示）；

第二，所想的设计过程，例如玩具的玩法过程，也需要画出来，方便他人理解和制作；

第三，在设计中要时刻心系生产结构。

1. 树立正确的玩具设计理念

玩具设计并非简单的外观设计，而是结合玩法、功能设计于一身的综合产品设计。在实践项目制作中，我们要把握创意要点——新奇、能动、有声。

（1）新奇：很多人都会对自己一眼看不明白的事情产生好奇，萌发兴趣，这也是人们购买玩具产品的动机。因此，我们设计玩具就是要"猎奇"，捕捉新奇的点，并将之放大。

（2）能动、有声：制作能动、有声的玩具需要明白简单的电路原理、机械原理，并具备动手能力。本书后续章节中给出了循序渐进的范例，大家可以跟着步骤动手操

作，了解基本的结构、运动机械原理和一些简单的电路使用原理，再举一反三设计具有更丰富功能的玩具产品。

本书后续实践案例

2. 进行创意头脑风暴和结构发散

创意头脑风暴是设计中非常有意思的一个环节，可以运用联想法、甚至夸张功能的方法进行风暴形式的发散。这个环节是自由的、充满想象的，也是设计师集思广益的一个重要环节。参加产品创意头脑风暴的人员可以是设计师，也可以是市场人员，大家可以用图片或者文字等任何可以表达思路的方法，提出新创意、新点子。在头脑风暴之后有一个很重要的环节，即分析和总结。这个过程则是要择优选择对产品开发有帮助的好点子，并为产品所用。

创意头脑风暴

3. 实际设计与制作

（1）前期通过画草图完成初步的设计，进入初步制作阶段，选择合适的材料，设计动作机构。

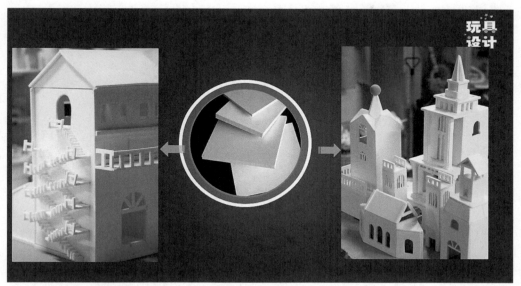

运用雪弗板板材制作玩具屋

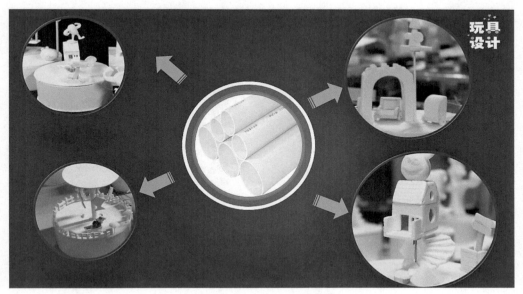

pvc水管可以用来制作玩具的底盘等

（2）实际动手制作，解决设计上不合理的问题，以及结构上出现的问题，创作新的玩具。

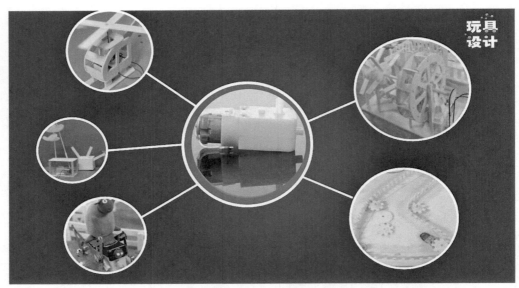

神奇的减速马达—通过减速马达的转动这个特点，可以驱动飞机、水车及无轨小火车等

通过减速马达的转动带动齿轮、水车、飞机的螺旋桨等运动

（3）色彩与特效制作。这个阶段需要解决的问题主要是雕刻材料、匀染色彩，为小机构造大场景，例如模拟制作星空、雪景等特殊环境的场景。经过了前期的制作，在即将做成成品的阶段，往往是最容易出现诸如电路布线、电流大小、结构连接组合、场景和结构统一等问题的。所以后续收尾的阶段更不容忽视。这时候需要的不仅是设计与制作，更需要的是团队协作。

特效制作的特写

4.展示交流和分享

将作品进行展示，交流设计经验，分享设计和创作的喜悦，增强团队的信心和凝聚力，提升学习的兴趣。

作品特写1

作品特写2

作品特写3

校园展览现场

本章小结

　　一个好的团队对于设计师的成长进步能起到很大的促进作用。一个优秀的产品设计团队不一定个个都是顶级的设计师。优秀的团队具有的特点是，成员能够在合作办公中合理搭配，相互协作，可以尽其所能发挥特长；成员可以共同进步。我们可以利用很多常用的材料，将创意设计转化为模型作品并展示出来，大家动手制作吧！

小练习

　　组织一个创意突击队，设计一套互动好玩的玩具。

第4章
项目实战——小机构玩具创意设计

学习目标
_____

本章通过7个实际小案例的设计制作，使读者掌握
玩具小机构的设计和运用方法。

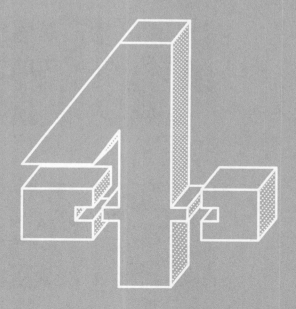

摩天轮

摩天轮是一个充满童年味道的机械动力玩具。利用减速马达带动皮带齿轮转动的机械原理，可以使摩天轮转动。

Section1
摩天轮机构大揭秘

准备工作

1.所需工具

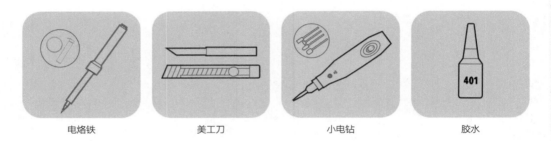

| 电烙铁 | 美工刀 | 小电钻 | 胶水 |

2.所需材料

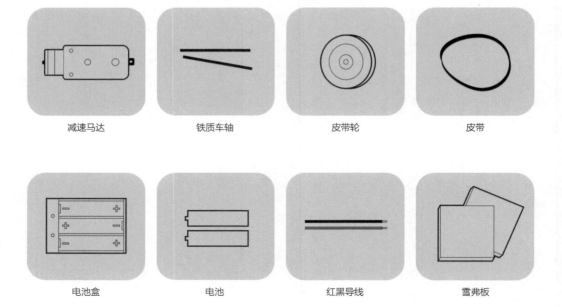

| 减速马达 | 铁质车轴 | 皮带轮 | 皮带 |

| 电池盒 | 电池 | 红黑导线 | 雪弗板 |

3.结构分析图

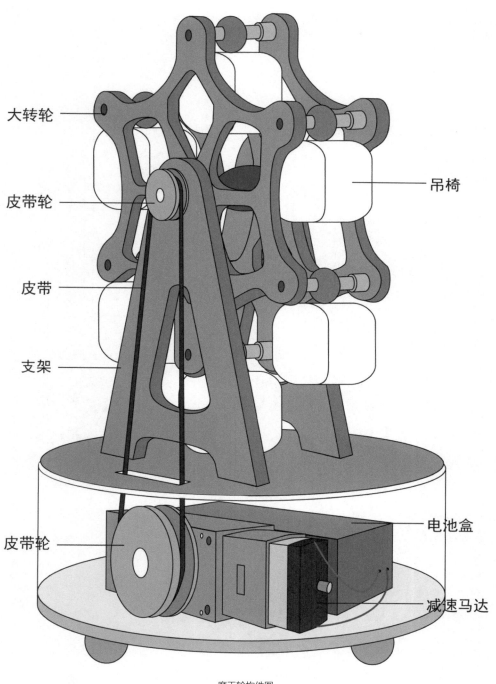

大转轮

皮带轮

皮带

支架

吊椅

皮带轮

电池盒

减速马达

摩天轮构件图

4.结构原理

⭐ 机构主动力来源：连接电池盒的减速马达。

⭐ 从动结构：皮带带动皮带轮从而驱动转盘转动。

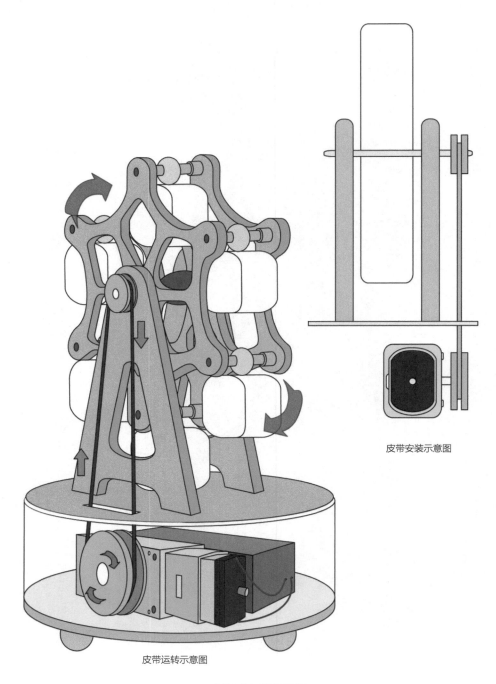

皮带安装示意图

皮带运转示意图

皮带安装与运转示意图

5.尺寸图

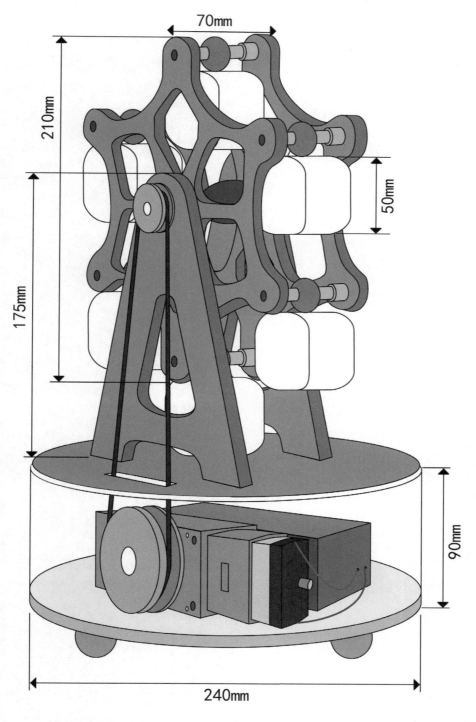

摩天轮尺寸示意图

➤ 开始制作

1.制作内部机构

⭐ 对马达进行通电测试。

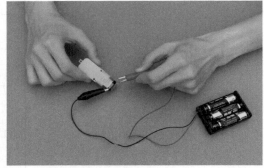

⭐ 用红黑导线将减速马达与电池
盒的正负极进行焊接，再次进
行通电测试。

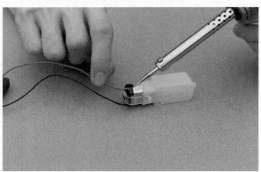

⭐ 将皮带轮装在减速马达的转
轴上。

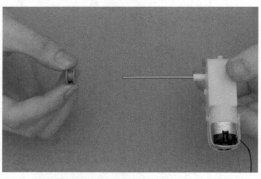

⭐ 将两个皮带轮取下来，并用皮
带连接。

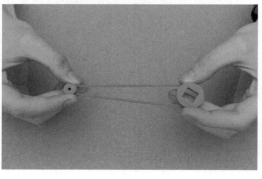

2.制作外部结构

⭐ 绘制支架、大转轮和吊椅的图样。

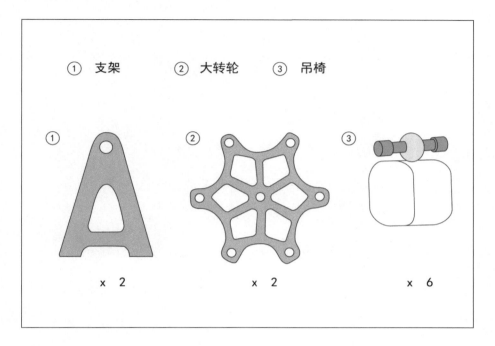

⭐ 将上图贴在雪弗板上，按照图的形状在雪弗板上切割出支架、大转轮、吊椅等
所需零部件；大转轮及支架上的孔洞均用小电钻钻出。

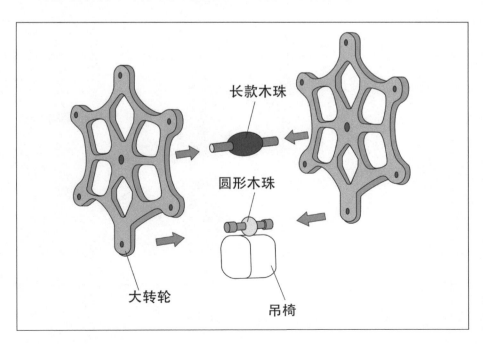

☆ 将长度适合的车轴穿过两个大转轮中心，并在车轴中心穿过一颗长款木珠，同时也将吊椅连接到大转轮上。

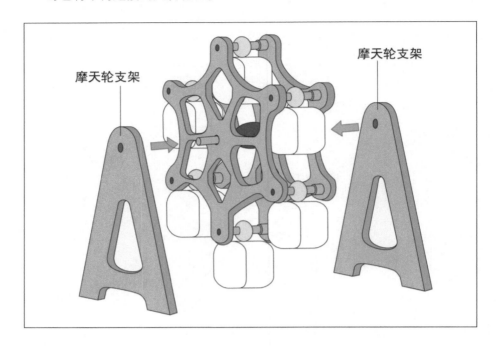

☆ 将支架安装在两边大转轮的中心转轴上。

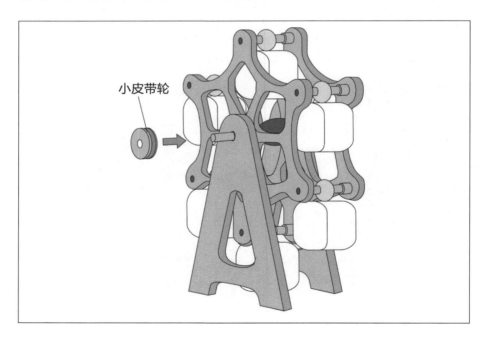

☆ 将图中所示小皮带轮安装在一侧的中心转轴上。

3.制作底座

☆ 机构底座的制作：选择直径
　　为160mm的PVC管，切割出高
　　度为50mm的底座。

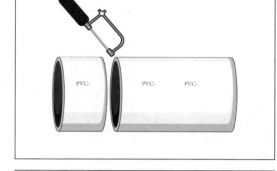

☆ 机构上下底板的制作：用雪
　　弗 板 切 割 出 两 个 直 径 为
　　160mm的底板。

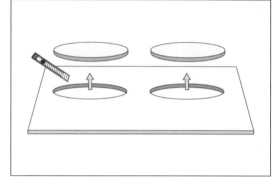

☆ 底座拼装分解图：底盘包括底
　　板A(需切出尺寸为20mm×5mm
　　的长方形皮带安装孔)、PVC
　　管、底板B。

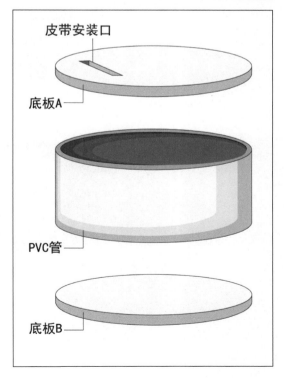

4. 进行安装

☆ 将做好的内部机构粘贴在底板B上；

（注：胶水切勿滴入减速马达的内部，否则会导致内部齿轮不能运转）。

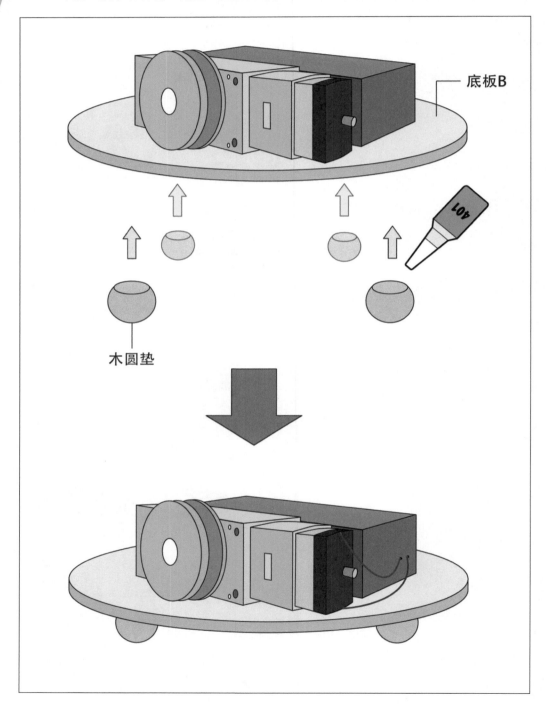

底板B

木圆垫

用401胶水把底板A与PVC管粘上；将皮带的一端穿入底板A上切割的孔中，皮带的两头分别卡入两个皮带轮的卡槽内；再将PVC管粘在底板B上；接着把制作好的摩天轮粘在底盘A上。

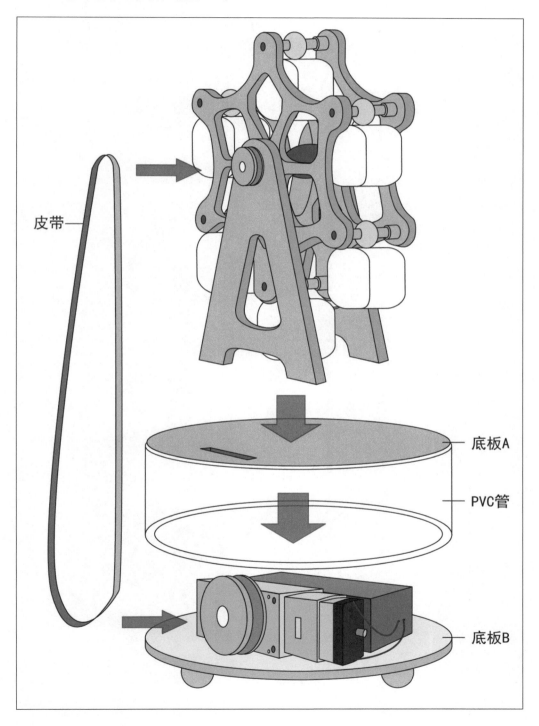

皮带

底板A

PVC管

底板B

☆ 将皮带卡入皮带轮，并在黑色电池盒中装入两节5号电池。（如需换电池，可将底板B打开）。

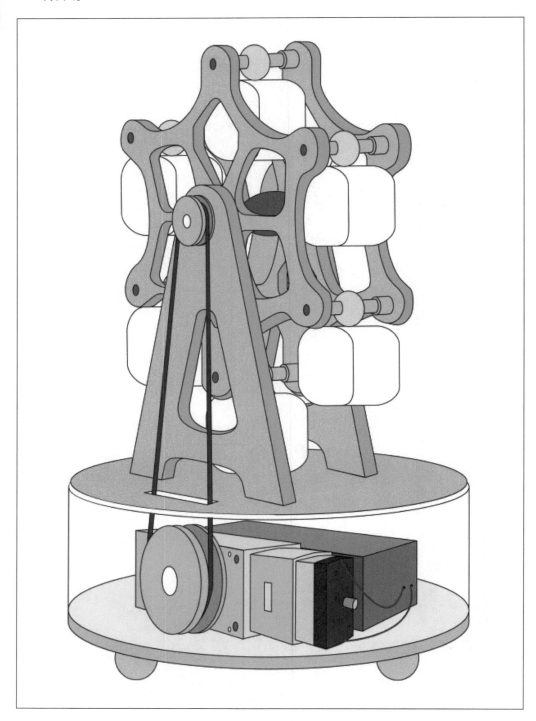

☆ 全部零部件拼装完成后，检查齿轮与转轴是否稳固，接下来就可以给摩天轮进

行最后的通电测试了。

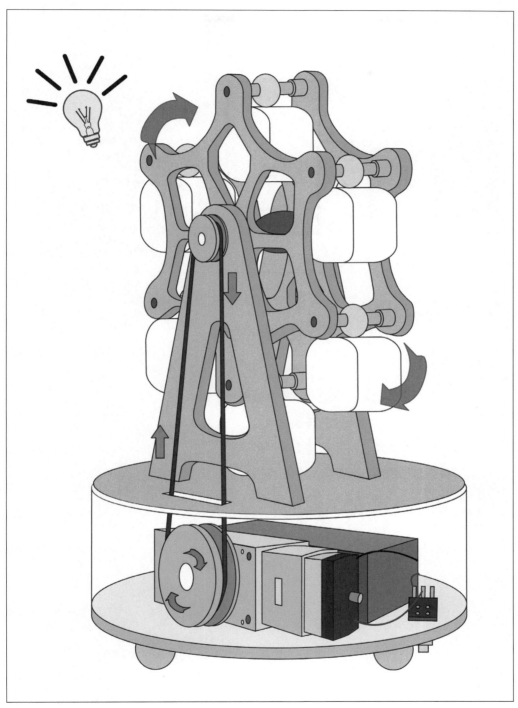

☆ 另附电池盒与减速马达线路的连接示意图。

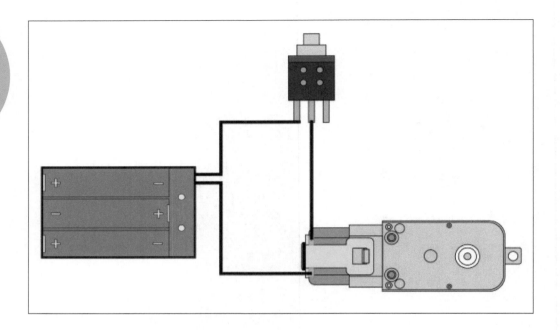

>> THE END

整体调整工作

☆ 用雪弗板制作出设计好的摩天轮的转轮；

☆ 可自行设计制作摩天轮的车厢；

☆ 美化车厢和转轮，可用喷漆更改颜色；

☆ 可根据自己的喜好对摩天轮的底盘进行设计。

>> 举一反三，创意发散

发散思维之哆啦A梦摩天轮
Lateral Thinking

发散思维之Hello kitty摩天轮
Lateral Thinking

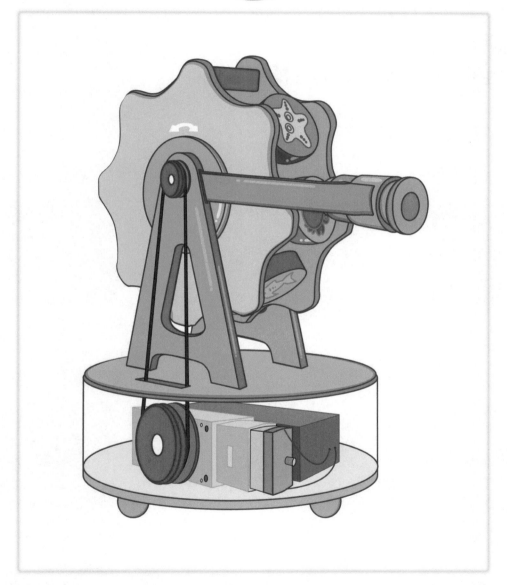

这是一只会左右摇摆的小鹿，其核心机械原理是运用减速马达带动凸轮旋转，从而拉紧与放松弹力绳使小鹿进行摇摆运动。

Section2
摇摆小鹿机构大揭秘

准备工作

1.所需工具

电烙铁

美工刀

曲线锯

电钻

2.所需材料

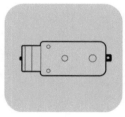

减速马达

铁质车轴

凸轮

弹簧

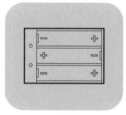

电池盒

电池

红黑导线

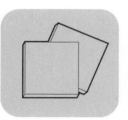

雪弗板

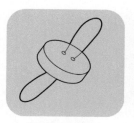

弹力绳+固定扣

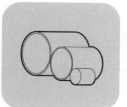

PVC管

胶水

圆木棍

3.结构分析图

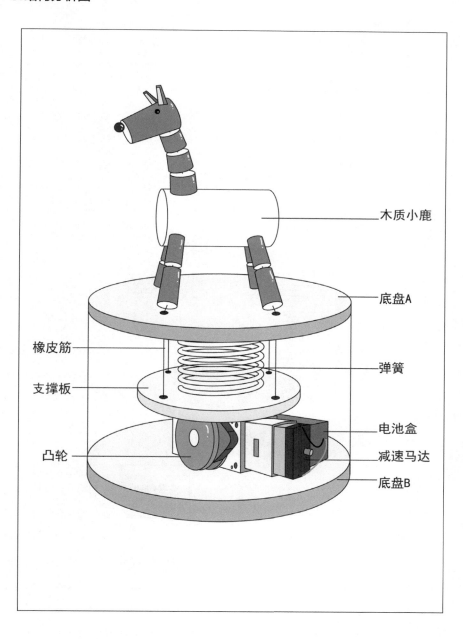

木质小鹿

底盘A

橡皮筋

弹簧

支撑板

电池盒

凸轮

减速马达

底盘B

4.结构原理

⭐ 机构主动力来源：连接电池盒的减速马达。

⭐ 从动结构：运用凸轮的旋转使弹簧进行上下放松和收紧，通过绳子的松紧变化让小鹿进行摇摆。

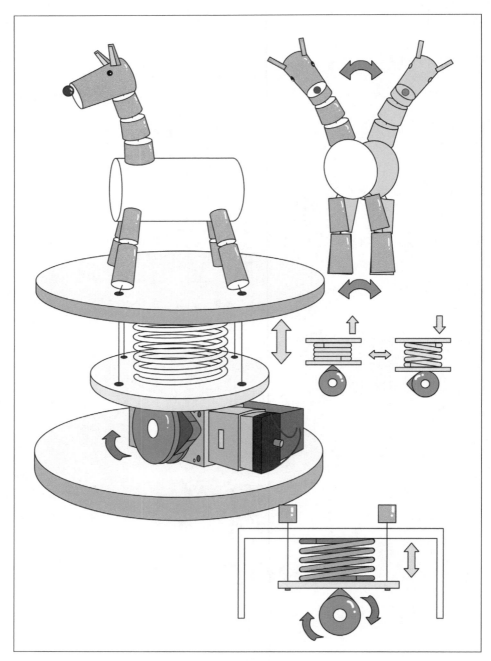

摇摆小鹿示意图

5.尺寸图

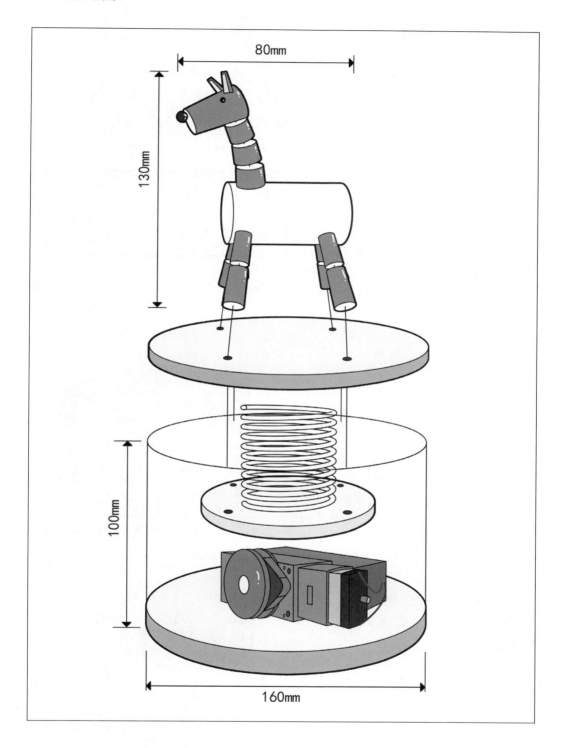

〉〉〇 开始制作

1.制作内部机构

⭐ 用红黑导线将减速马达
与电池盒的正负极进
行焊接。

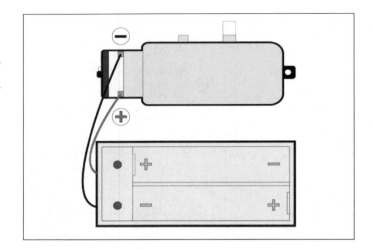

⭐ 将凸轮装在减速马达的
转轴上。

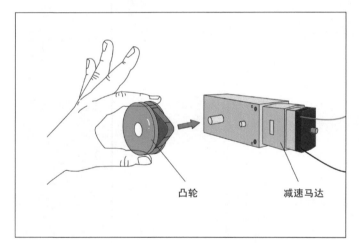

凸轮　　　　　　减速马达

⭐ 将减速马达等内部机构
安装在底板B上（注：
固定减速马达时，为
使凸轮有足够的空间
转动，可在减速马达
下方，用雪弗板垫起
合适的高度）。

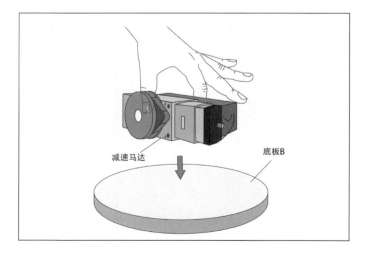

减速马达　　　　　　　底板B

⭐ 将制作好的装有凸轮机构的减速马达进行通电测试。

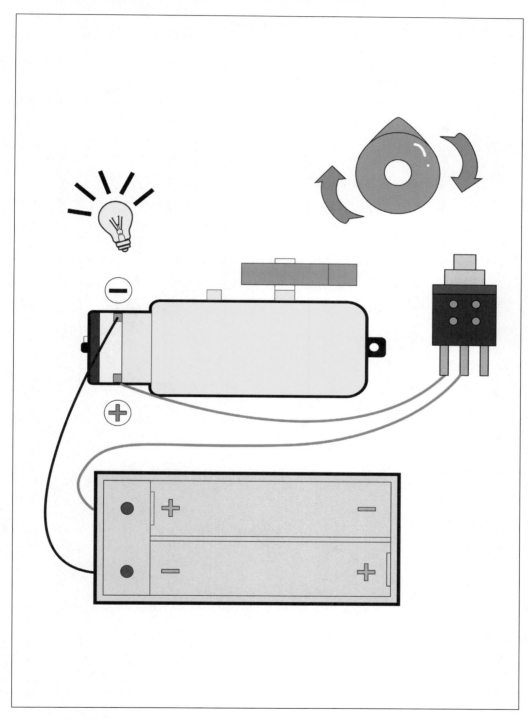

2.制作外部结构

⭐ 用美工刀在圆木柱上雕刻制作小鹿的头部。

⭐ 小鹿的关节连接结构的制作：

（1）先在小鹿头部的下方使用小电钻钻一个圆洞；

（2）再制作一个木塞（直径与圆洞一致），木塞的中心需钻一个小孔（为后期绑绳做准备）；

（3）接着将连接头部的四根弹力绳穿过木塞打结固定，将木塞塞入头部圆洞里（注：为增强稳定性，可在头部与木塞连接部位用胶水固定）；

（4）最后为小鹿粘上提前准备好的耳朵、眼睛、鼻子等零部件，小鹿的头部就完成了。

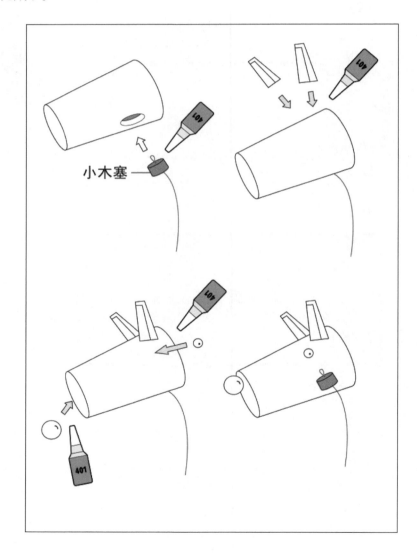

☆ 分别将四根弹力绳穿过小鹿颈、身体、四肢的内部，具体步骤如下：

（1）小鹿脖子及腿部的连接结构是用圆柱形的条形木按比例切割而成；

（2）切割成的小的圆柱形需要用小电钻在圆柱的中心处钻个小孔，孔的直径需大于橡皮筋的直径（方便穿橡皮筋）；

（3）将橡皮筋按图中所示红线标记的路线穿过小鹿，在头部及脚部打结；

（4）调整橡皮筋的长度，直到长颈鹿能立起来，脖子朝上。

✿ 小鹿身体组装示意图。

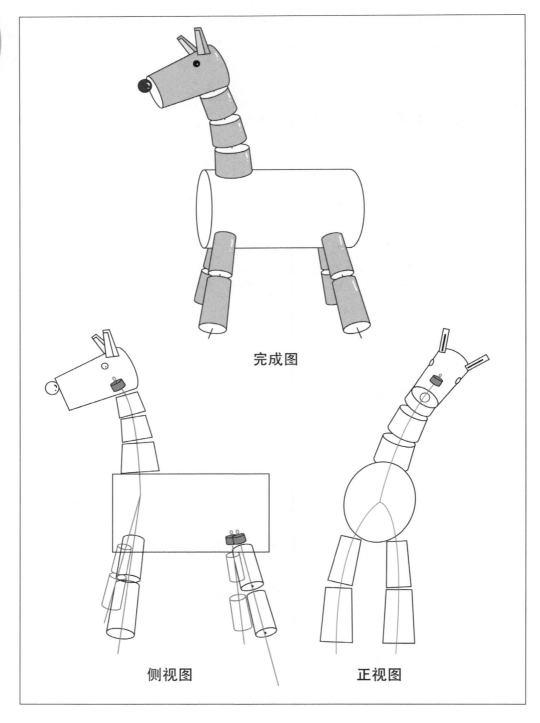

完成图

侧视图　　　　　　正视图

3.制作底座

☆ 机构底座的制作：选择
直径为160mm的PVC
管，切割出高度为
100mm的底座。

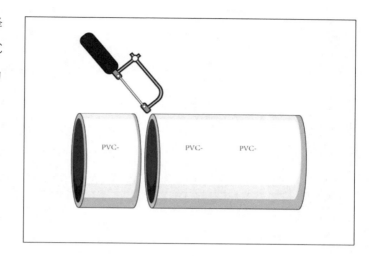

☆ 机构上下底板的制作：
用雪弗板切割出两个
直径为75mm的底板。

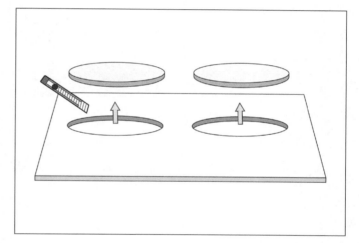

☆ 机构支撑板的制作：将
雪弗板切割出一个直
径为45mm的小圆，找
出小鹿站立支撑点的
合适位置并钻4个小孔
（孔的大小，可穿过弹
力绳即可）。

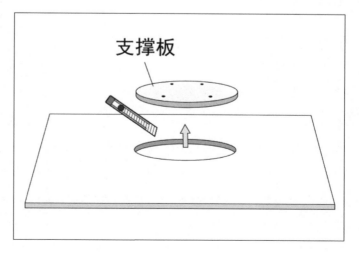

4.进行安装

⭐ 选择合适的弹簧，将弹簧装在支撑板与底板A的中间，用401胶水或者其他方式固定；然后将连接小鹿的弹力绳依次穿过底板A、支撑板，并打结固定。

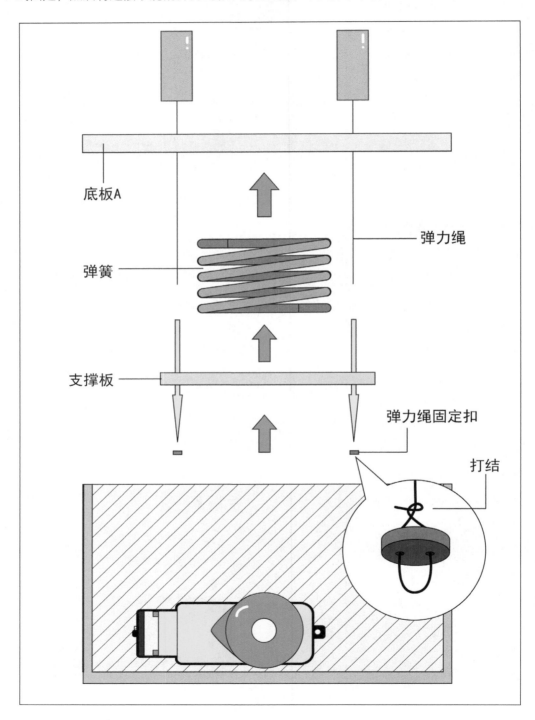

☆ 小鹿与内部机构安装示意图。

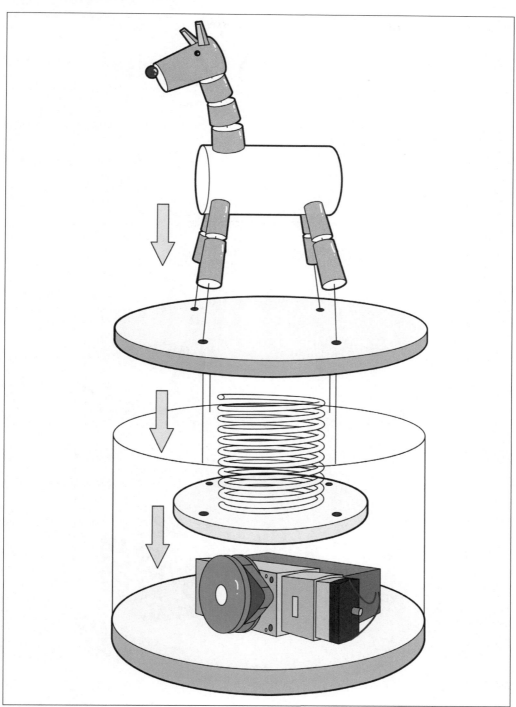

⭐ 最后进行小鹿机构的通电测试。

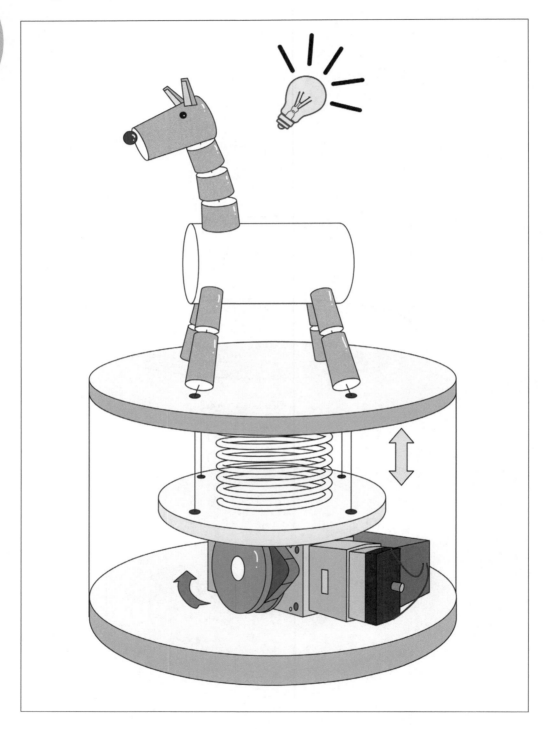

✿ 另附电池盒与减速马达线路的连接示意图。

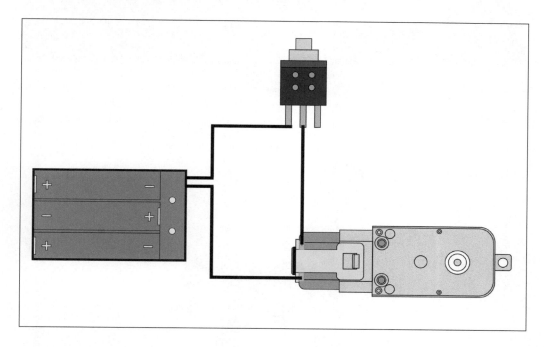

THE END

整体调整工作

✿ 在PVC板的4个孔上连接提前准备好的4根弹力绳；

✿ 机构制作完成后对小鹿进行喷漆美化工作；

✿ 读者可自行运用本节所讲的机构原理设计制作其他可爱的动物造型。

举一反三，创意发散

发散思维之摇摆小马
Lateral Thinking

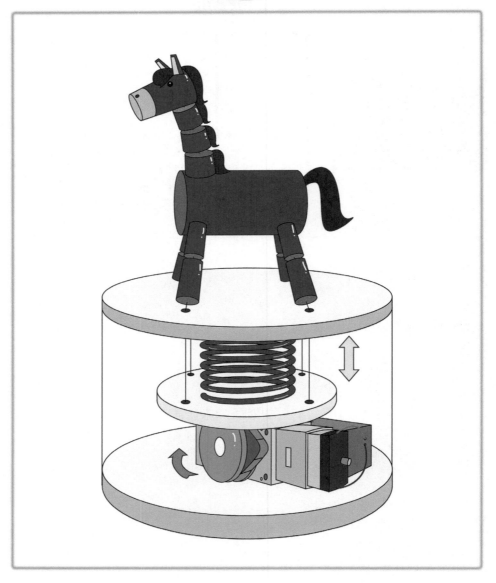

Section3
骑自行车的小熊机构大揭秘

准备工作

1.所需工具

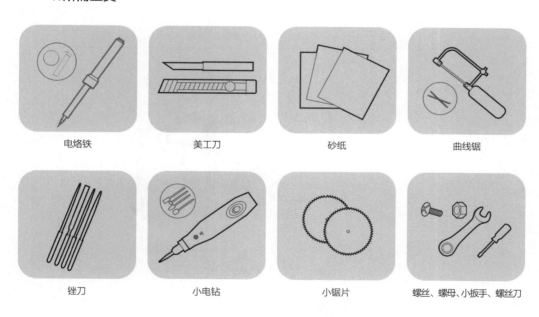

| 电烙铁 | 美工刀 | 砂纸 | 曲线锯 |

| 锉刀 | 小电钻 | 小锯片 | 螺丝、螺母、小扳手、螺丝刀 |

2.所需材料

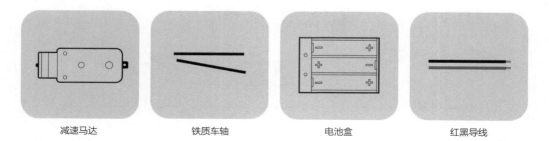

| 减速马达 | 铁质车轴 | 电池盒 | 红黑导线 |

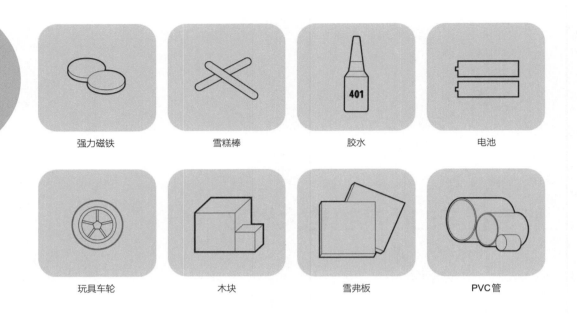

强力磁铁	雪糕棒	胶水	电池
玩具车轮	木块	雪弗板	PVC管

3.结构分析图

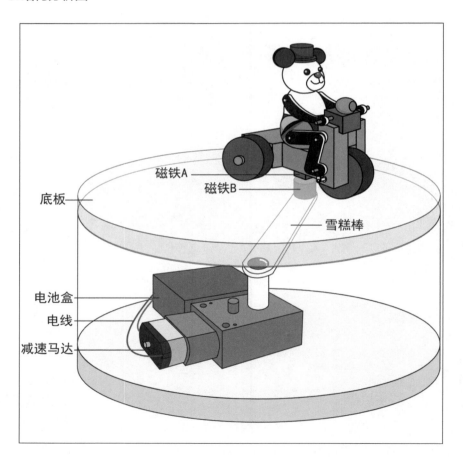

磁铁A

磁铁B

底板

雪糕棒

电池盒

电线

减速马达

4.结构原理

⭐ 机构主动力来源：连接电池盒的减速马达。

⭐ 从动结构：

通过减速马达的转动带动磁铁向前运动，磁铁通过磁力吸附自行车产生运动，运用自行车在运动时轮子与底盘的摩擦力促使轮子转动，从而带动小熊关节的运动。

小熊骑单车示意图

5.尺寸图

（本案例提供的尺寸均为参考尺寸，读者可按自己的实际尺寸参考图示外形比例进行等比放大或者缩小）

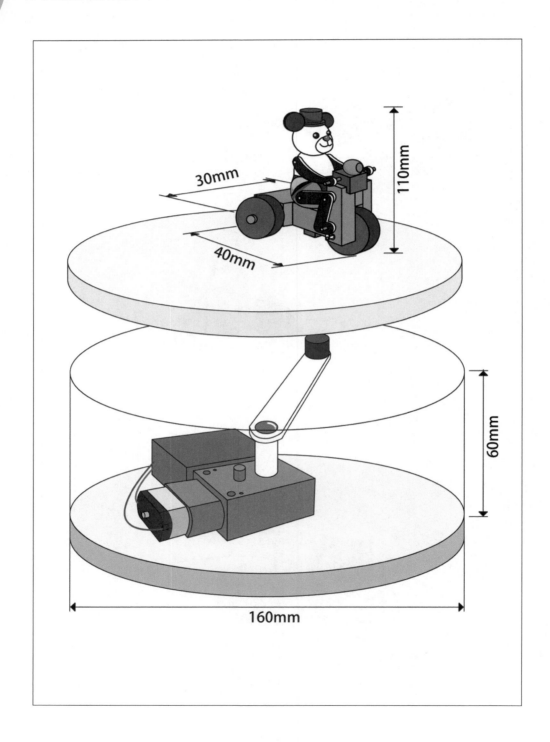

1.制作内部机构

☆ 用红黑导线将减速马达与电池盒的正负极进行焊接，并进行通电测试。

☆ 选择适合的强力磁铁（本节选用直径为10mm的强力磁铁）。

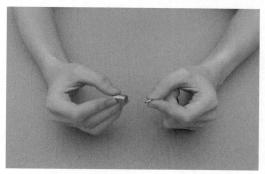

☆ 在雪糕棒一端粘上强力磁铁。

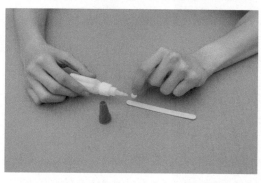

☆ 将雪糕棒粘在减速马达的转轴上。

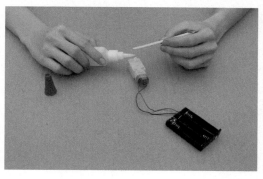

2.制作外部结构

⭐ 用雕刻刀在木块上雕刻出小熊的头部、身体、四肢，雕刻完初步造型后再用砂纸进行打磨（注：范例中的手脚关节是使用小电钻进行钻孔的，读者可根据自己的设定自行设定小熊的尺寸，造型比例可参考右图）。

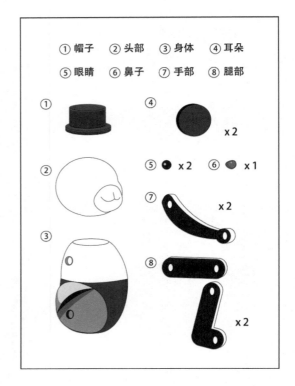

⭐ 将制作好的小熊头部零部件用401胶水粘贴（如右图所示）。

☆ 选用适合的螺丝组装小熊
　的手臂和腿脚关节。

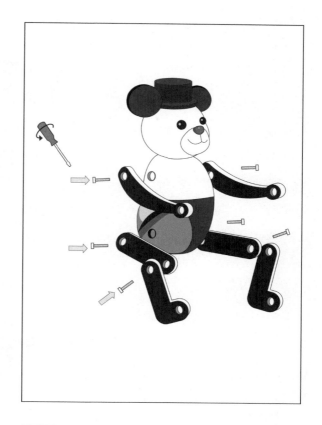

☆ 用木块制作出小车的外形
　（读者可根据设定好的小
　熊尺寸比例来设定实际尺
　寸，造型比例可参考上图
　中小车的尺寸比例）。

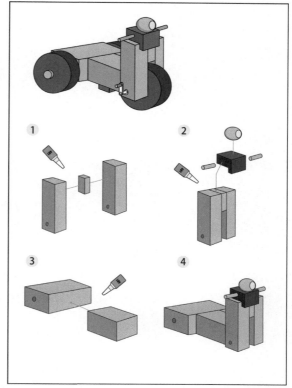

☆ 组装车轮、脚踏等零部件；车轮可选四驱车车轮组装；用小木棍切割并粘制成脚踏；用车轴将车轮、脚踏与车子进行连接。

☆ 将小熊用401胶水粘在小车上，并将脚粘贴在脚踏上。

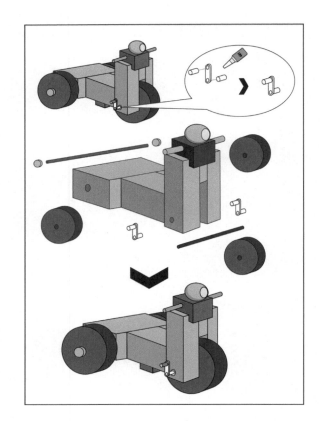

☆ 在小车底粘贴强力磁铁。

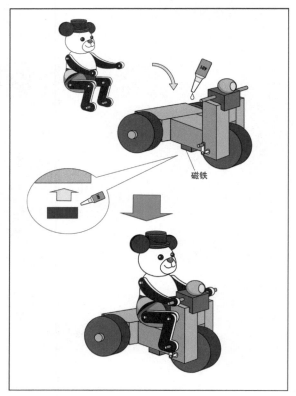

3.制作底座

⭐ 机构底座的制作：选择直径
　 为160mm的PVC管，切割出高
　 度为40mm的底座。

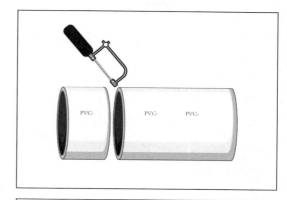

⭐ 机构上下底板的制作：用雪
　 弗板切割出两个直径为160mm
　 的底板。

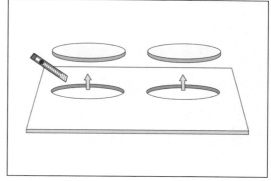

⭐ 底座拼装如图所示。

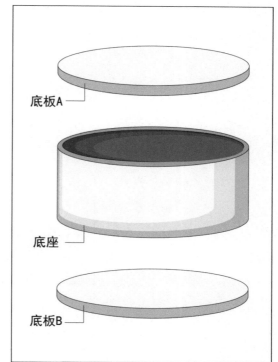

第4章　项目实战——小机构玩具创意设计

4.进行安装

✿ 将制作好的内部机构粘
在切割好的底盘上；
再粘贴 PVC 管与底盘，
底座安装完成。

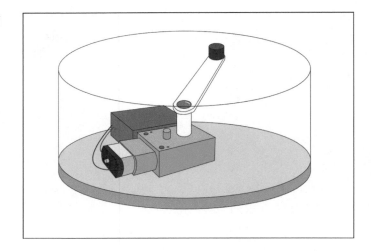

✿ 将小车放置在底板 A
有磁铁的地方，就可
以进行最后的通电试
验了。

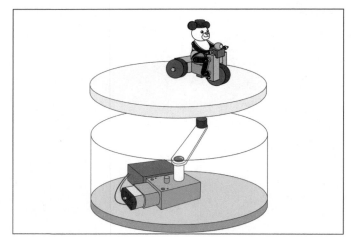

✿ 另附电池盒与减速马达
线路的连接示意图，
且可另外安装外接开
关，方便控制小熊的
行走。

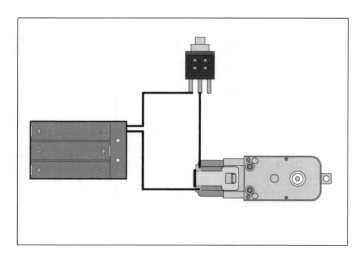

THE END

整体调整工作

☆ 设计美化小熊的形象，并注意脚关节转动位置的设计；

☆ 制作出轮子可转动的自行车，并绘制自己喜欢的图案；

☆ 我们还可以在底板A上进行装饰设计，例如绘制公路、绿化带等。

举一反三，创意发散

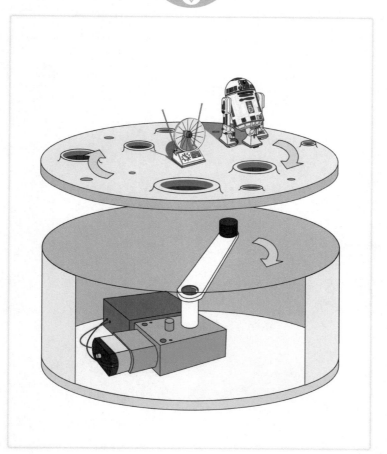

发散思维之机器人

Lateral Thinking

无轨小车

在一座古老的小城里，有一辆穿梭在小城的小汽车，它利用减速马达与齿轮、轨道皮带之间的默契配合，可以实现自由行走。快来驾驶小车，开始一场轻松的旅行吧。

Section4
无轨小车机构大揭秘

准备工作

1.所需工具

电烙铁

美工刀

小电钻

胶水

2.所需材料

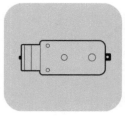

减速马达

铁质车轴

强力磁铁

皮带

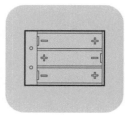

电池盒

电池

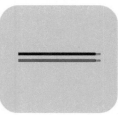

红黑导线

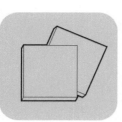

雪弗板

3.结构分析图

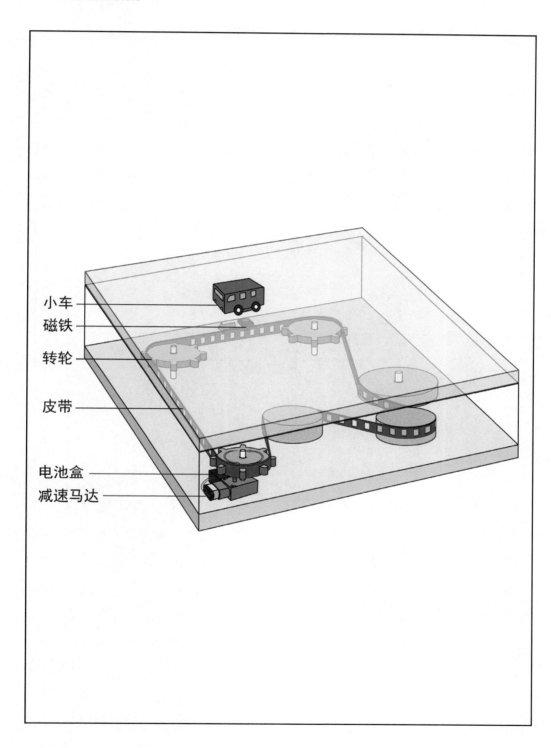

小车

磁铁

转轮

皮带

电池盒

减速马达

4.结构原理

☆ 玩具机构主动力来源：连接电池盒的减速马达。

☆ 从动结构：无轨机构运用齿轮转动带动皮带，皮带带动小车进行运动。

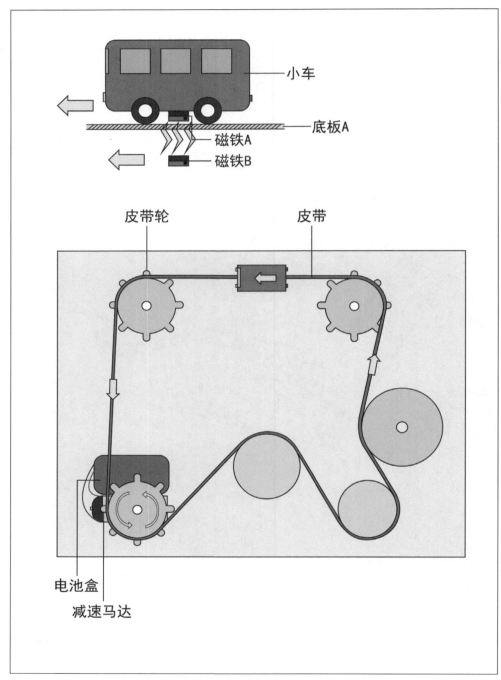

无轨小车示意图

5.尺寸图

（本案例提供的尺寸均为参考尺寸，读者可按自己的实际尺寸参考图示外形比例进行等比放大或者缩小）

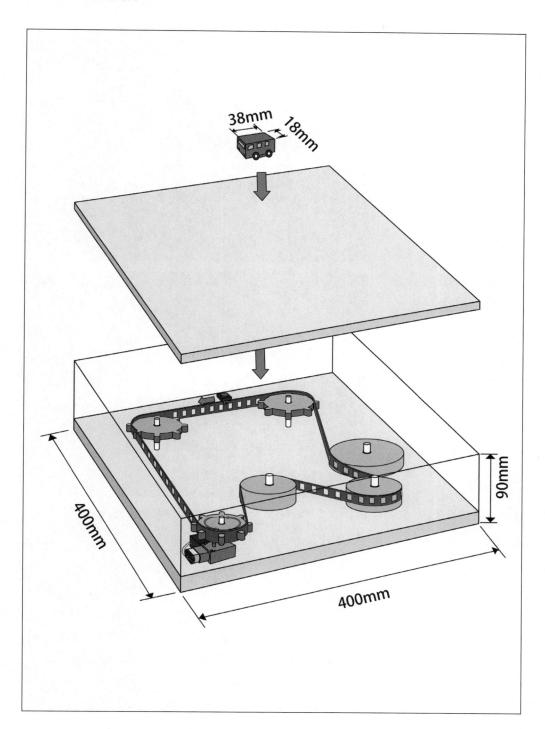

⟫⟫ 开始制作

1.制作内部机构

☆ 对马达进行通电
测试，确保马
达无损坏。

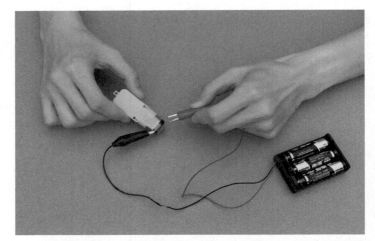

☆ 用红黑导线将减
速马达与电池盒
的正负极进行焊
接，并进行通电
测试。

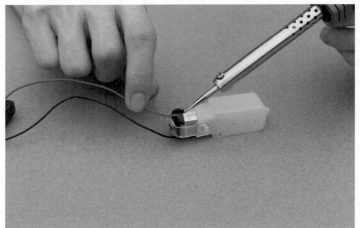

☆ 选择适合的强力
磁铁（本节选用
直径为10mm的
强力磁铁）。

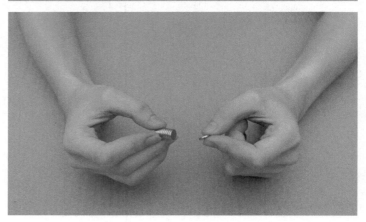

☆ 右上图示例中，用雪弗板切割出自制齿轮的造型（齿轮的厚度为9mm，直径为80mm，如果雪弗板不够厚，可以叠加粘合的方式加厚），在齿轮的中心处用小电钻钻出一个中心小孔（小孔的直径根据轴承的直径来定，大小以能穿过轴承为限）；

右下图示例中，用雪弗板切割出大转轮，转轮起传动的作用（转轮的参考直径为80mm）。

☆ 将自制齿轮装在减速马达的转轴上。

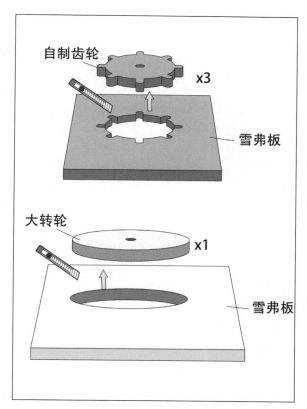

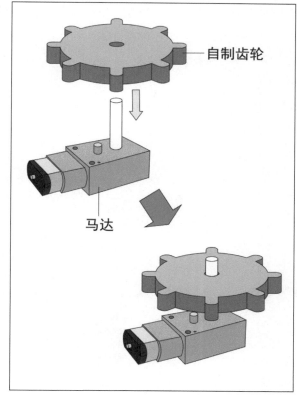

2.制作底座

⭐ 机构底座的制作：用雪弗板切割出6个矩形，尺寸大小如右图所示。

⭐ 对机构底座进行拼装，拼装顺序如右图所示。

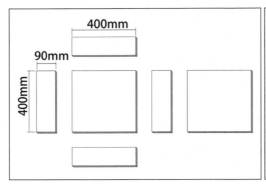

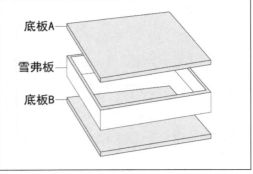

⭐ 减速马达与自制齿轮，固定在底板B设定好的位置；

　皮带安装在自制齿轮上（皮带长度根据齿轮定位的距离而定）。

⭐ 将直径为10mm的强力磁铁安装在皮带上，可为磁铁制作一个连接磁铁平台的底座，底座是用雪弗板切割制作的，形状可以参考图示中的简易款，也可以自行设计制作，标准是可以支撑上面的磁铁即可。制作好的底座可以用螺丝旋在PVC皮带上。

　最后进行通电测试。

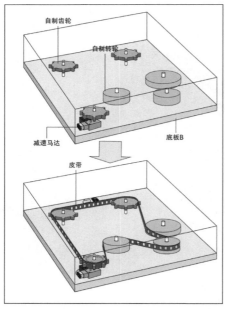

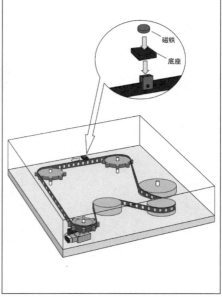

3.制作外部结构

⭐ 制作小车：首先用雪弗板切
割出小车外形，接着用401
胶水粘贴完成（可用丙烯等
颜料给小车美化上色）；其
次将车轮安装在车轴上，装
在车身的两端；最后用砂纸
或打磨条将小车的四周尖角
打磨成圆角。

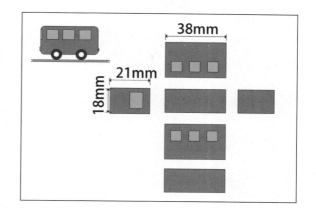

⭐ 在小车底部正中位置上粘上
直径为10mm的强力磁铁。

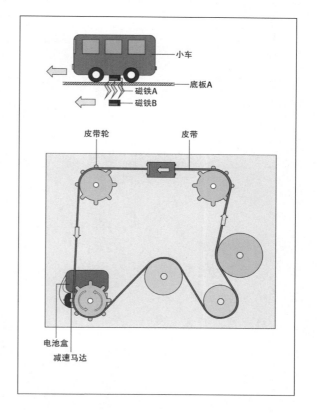

4. 进行安装

✿ 安装机构底座、
小车等零部件，
如上图所示。

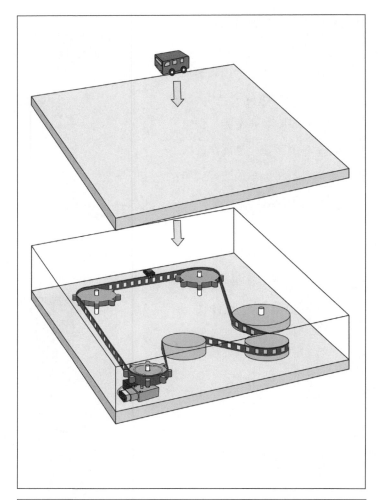

✿ 另附电池盒与
减速马达线路
的连接示意图，
且可另外安装
外接开关，方
便控制无轨小
车的行走。

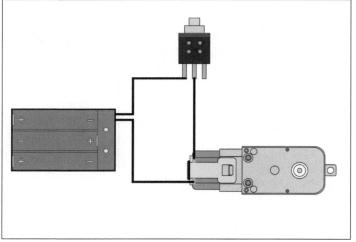

整体调整工作

★ 模型完成后可以用丙烯、喷漆等材料进行美化上色处理；

★ 读者可自行对底座环境进行设计。

Tip：关于案例中的皮带制作

　　案例中的皮带是根据实际齿轮、转盘的位置定做的。可以自行用PP塑料制作（此材料可以在网络购买，新买的衬衣领子下有时也会用这种材料撑型，还可以回收利用），制作可参考如下图示。

1. 制作特殊皮带的材料以及工具

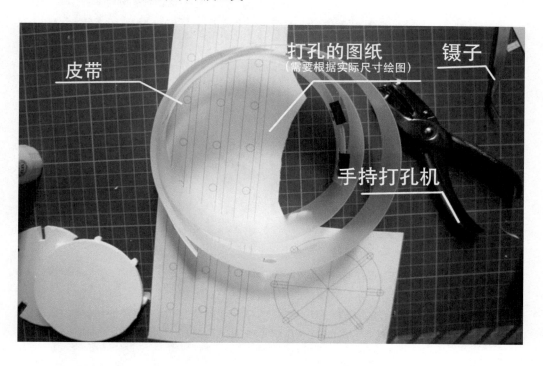

2. 制作特殊皮带的方法

（1）将打孔的图纸贴在pp塑料条上

（2）在贴好的图纸的pp塑料条上用打孔机依次打孔

（3）将打好孔的pp塑料条在光线下进行对位

（4）对不标准的孔位进行调整

3. 打好孔的皮带以及连接磁铁平台的底座外形参考

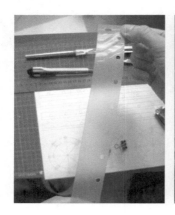

发散思维之无轨小车
Lateral Thinking

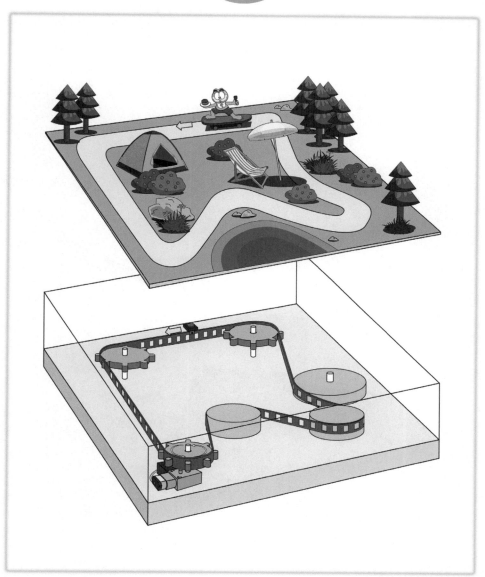

举一反三，创意发散

发散思维之小兔子
Lateral Thinking

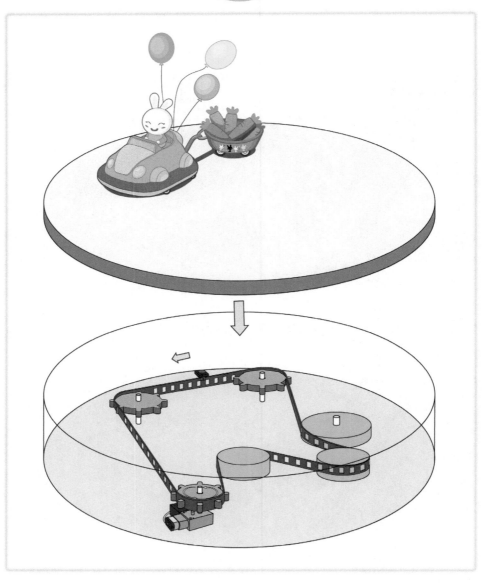

Section5
遇见你机构大揭秘

准备工作

1.所需工具

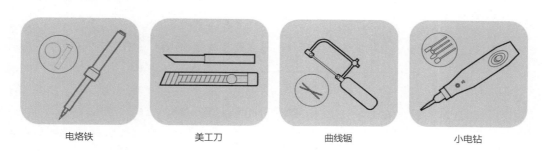

电烙铁　　　　　美工刀　　　　　曲线锯　　　　　小电钻

2.所需材料

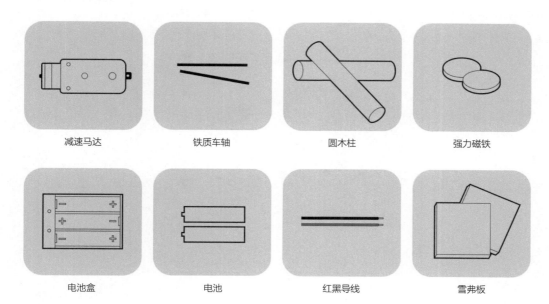

减速马达　　　　铁质车轴　　　　圆木柱　　　　　强力磁铁

电池盒　　　　　电池　　　　　　红黑导线　　　　雪弗板

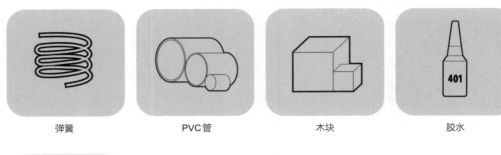

弹簧 PVC管 木块 胶水

热熔枪、热熔胶

3.结构分析图

备注：大企鹅与小企鹅身体下面也分别镶嵌有和转盘内磁铁A、B对应的磁铁。

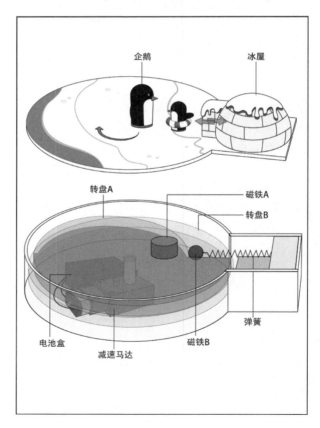

4.结构原理

☆ 机构主动力来源：连接电池盒的减速马达。

☆ 从动结构：

企鹅转圈结构。通过减速马达转动从而带动磁铁旋转，同时磁铁带动企鹅进行运动；

企鹅相遇结构。机构核心运用特制的凹凸转盘，转盘转一周后，被压紧的弹簧随着转盘凹口的转出而弹出，促使两只底部镶嵌有和底盘内磁铁A、B对应磁铁的企鹅相遇。

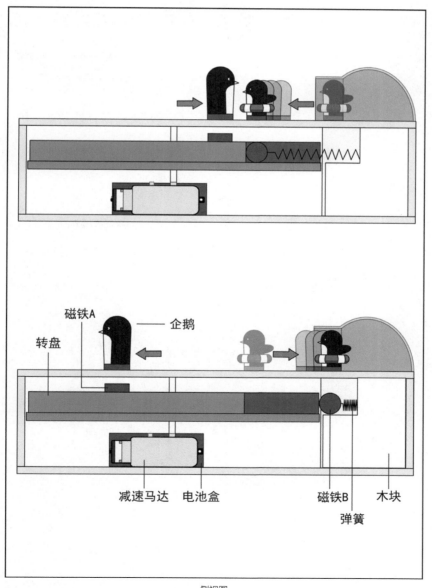

侧视图

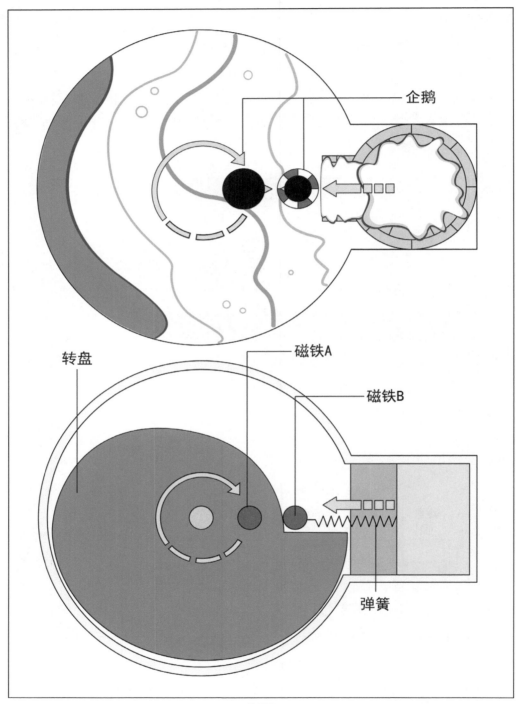

企鹅

磁铁A

磁铁B

转盘

弹簧

俯视图

5.尺寸图

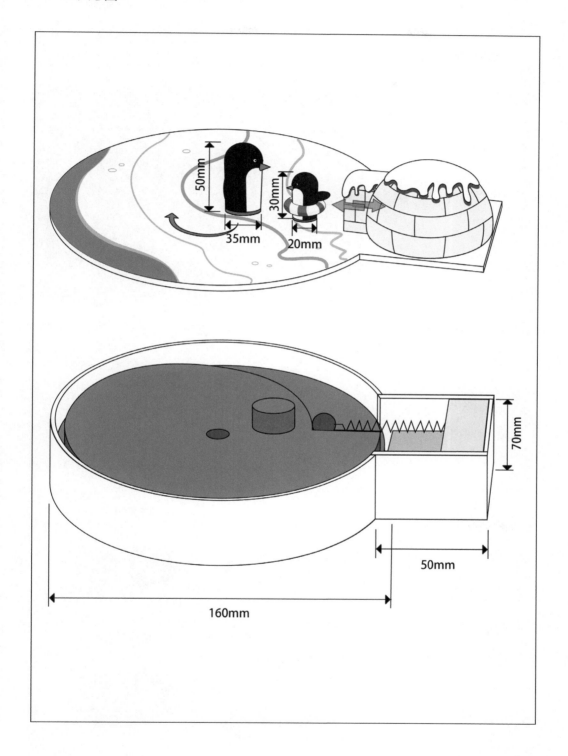

⟫⟩ 开始制作

1. 制作内部机构

⭐ 用红黑导线将减速马达与电池盒的正负极进行焊接。

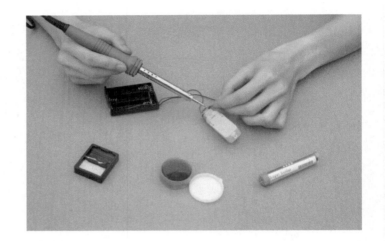

⭐ 将雪弗板切割出两个直径为 158mm 的转盘（转盘的大小以能嵌入底盘为参考，可根据实际底盘大小调整），如右图所示。

⭐ 将其中一个转盘按如图所示的方式切割出转盘 A；另一个为转盘 B；在转盘 A、B 的中心位置用电钻分别钻出两个中心小孔。

⭐ 用胶水将转盘 A 与 B 粘接。

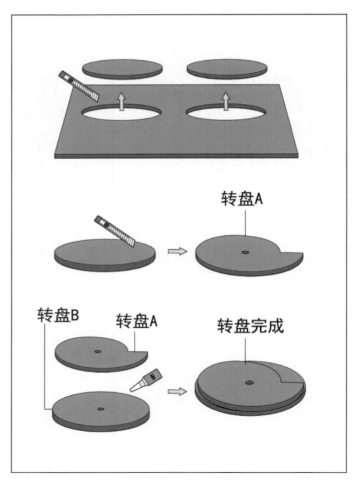

转盘A

转盘B　转盘A　转盘完成

2.制作底座

⭐ 机构底座的制作：选择直径为160mm 的PVC管，切割出高度为70mm的底座。

⭐ 机构上下底板的制作：用雪弗板切割出底板A长直径为210mm的几何形，以及底板B直径为160mm的圆盘。

⭐ 小企鹅矩形底座的制作：用雪弗板分别切割出4个矩形，尺寸如下图所示。

⭐ 用401胶水将切割好的矩形雪弗板配件粘上。

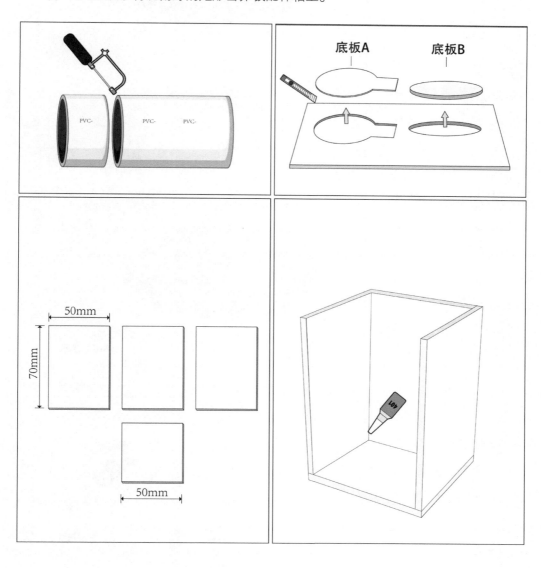

3.进行安装

☆ 将转盘安装在减速马达的转轴上；再将磁铁A粘贴在转盘A上。

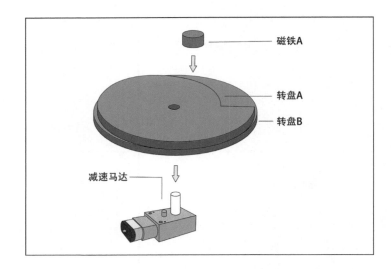

☆ 用木块雕刻一个L形状的内部支撑结构（造型如右图所示）。将磁铁B、弹簧、木块依次用热熔胶粘贴；待热熔胶干后，把磁铁B放在转盘B上，再将木块与小企鹅底座粘贴；（注：粘贴时需保持磁铁B与木块在同一水平面上）。

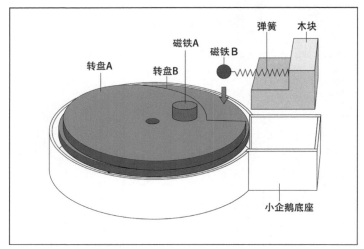

☆ 用雕刻刀在轻木块上雕刻企鹅形象，在企鹅底部用电钻钻孔，用胶水把需要与底盘内磁铁A、B对应的磁铁镶嵌在企鹅身体下面挖的孔里。

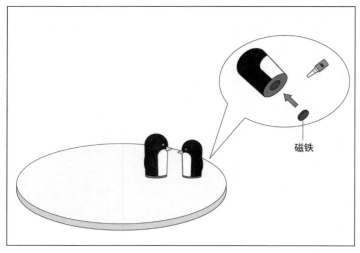

☆ 将底板 A 放置在 PVC 管上，再将企鹅放置在底部有磁铁的地方。

　备注：小冰屋可以用高密度泡沫雕刻出来，然后用画笔进行装饰。

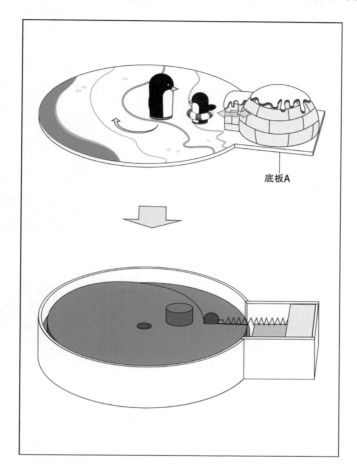

底板A

☆ 最后进行通电测试。

☆ 另附电池盒与减速马达线路的连接示意图。且可另外安装外接开关，方便控制
　企鹅。

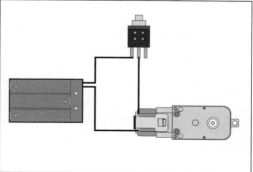

⟫➤ THE END

整体调整工作

⭐ 设计两只企鹅的形象；

⭐ 我们还可以对底座进行自行设计和装饰。

⟫➤ 举一反三，创意发散

发散思维之水杯
Lateral Thinking

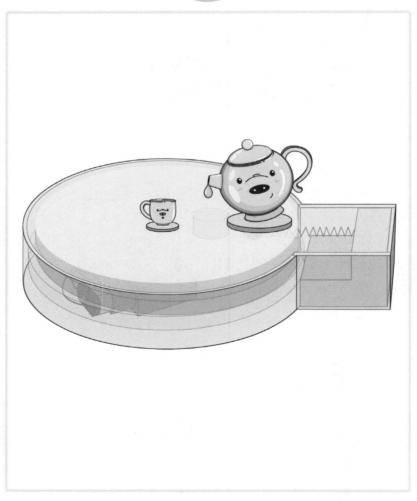

跷跷板

　　跷跷板是游乐场最受欢迎的玩具之一，让我们带着美好的回忆与"跷跷板"一起回味儿时的美好时光吧。

Section6
跷跷板机构大揭秘

准备工作

1. 所需工具

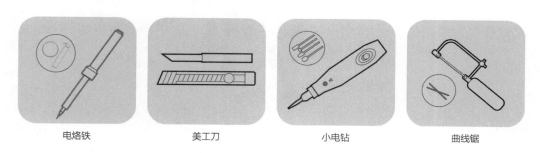

| 电烙铁 | 美工刀 | 小电钻 | 曲线锯 |

2. 所需材料

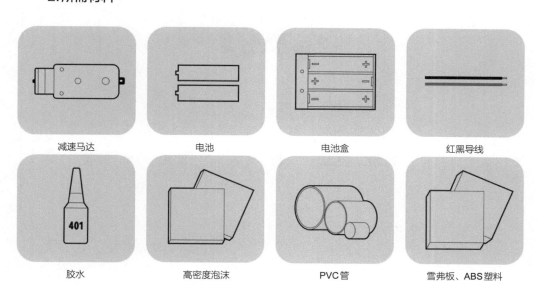

| 减速马达 | 电池 | 电池盒 | 红黑导线 |
| 胶水 | 高密度泡沫 | PVC管 | 雪弗板、ABS塑料 |

3. 结构分析图

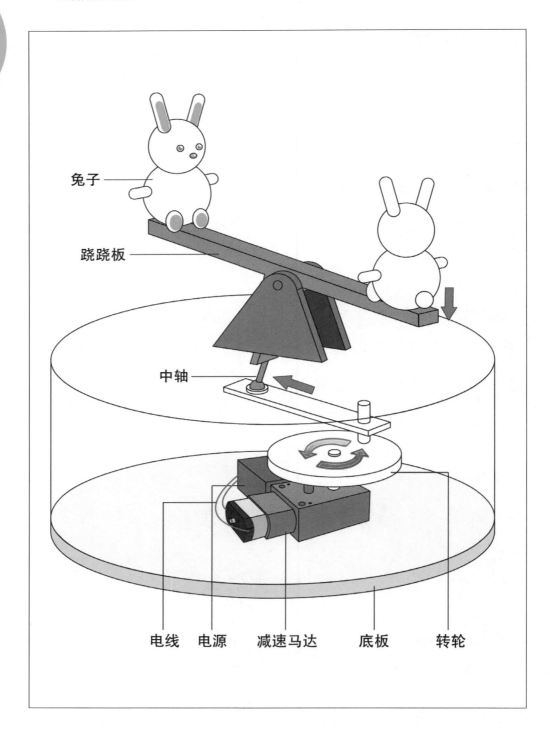

兔子

跷跷板

中轴

电线　电源　减速马达　底板　转轮

4.结构原理

⭐ 机构主动力来源：马达带动齿轮。

⭐ 从动结构：齿轮带动连杆机构，连动跷跷板进行上下运动。

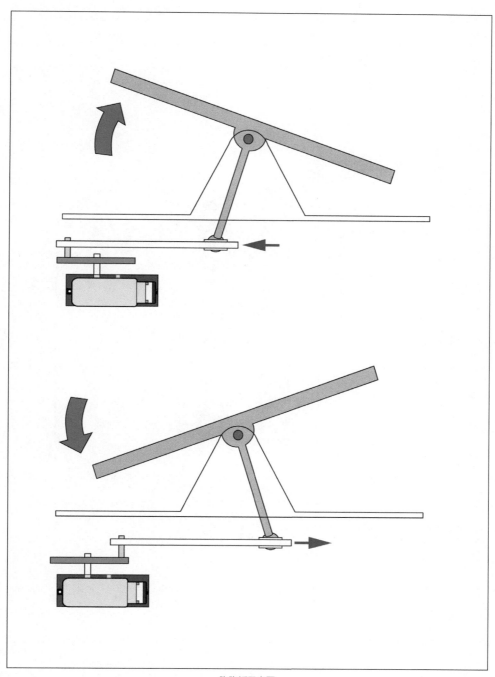

跷跷板示意图

5.尺寸图

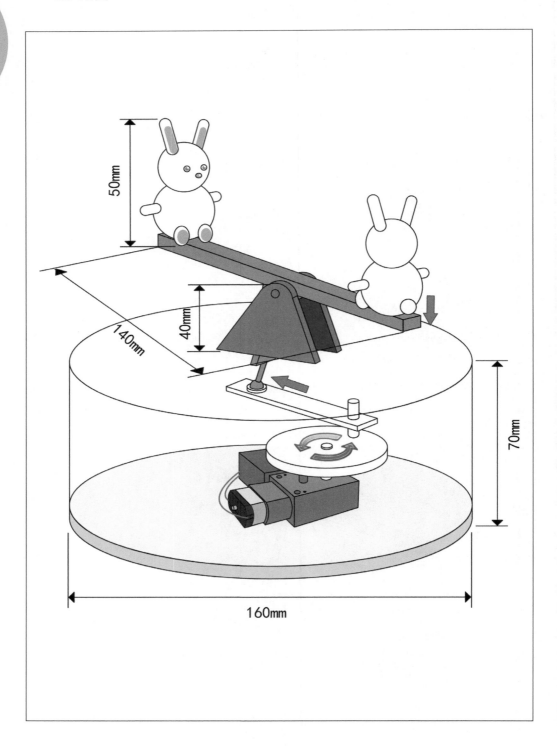

1.制作内部机构

⭐ 用红黑导线将减速马达与电池盒的正负极进行焊接。

⭐ 选用ABS塑料材料制作齿轮的内部零件,圆球的卡槽位需先用小电钻进行打孔,然后用球状打磨棒打磨出凹形位置。

⭐ 安装马达与齿轮零件组,这几个零件组需要按下图所示的上下顺序插接上,并在插接的部分用胶水粘住(注意胶水不要滴入减速马达内部)。

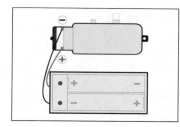 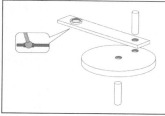 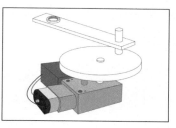

2.制作外部结构

⭐ 兔子造型制作:选用高密度泡沫雕刻或用超轻黏土制作。

⭐ 跷跷板机构制作:选用ABS塑料材料按照设计好的图纸制作跷跷板零部件,接着将车轴穿过支撑架和跷跷板,连接顺序如图所示。

⭐ 将制作好的兔子用401胶水粘贴在跷跷板上。

车轴　　跷跷板　　支撑架

3.制作底座

⭐ 机构底座的制作：选择直径为160mm的PVC管，切割出高度为70mm的底座。

⭐ 机构上下底板的制作：用雪弗板切割出两个直径为160mm的底板。

⭐ 底座拼装如右图所示（注：为使跷跷板中轴结构可以穿过底板A，需在中心位置处切割出矩形槽）。

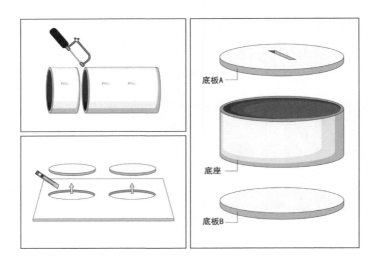

4.进行安装

⭐ 将做好的内部机构粘贴在底板B上；减速马达与底板粘贴顺序如图所示。（注：胶水切勿滴入减速马达内部，否则会导致内部齿轮不能运转）。

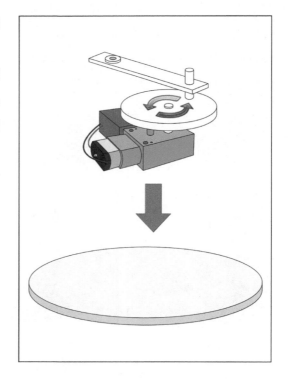

✿ 用401胶水把底板A与PVC管粘接；将跷跷板的中轴穿过底板A所切割的孔；再将PVC管粘在底板B上；接着把制作好的支撑架贴在底板A上。

✿ 跷跷板组装完成图如下图所示。

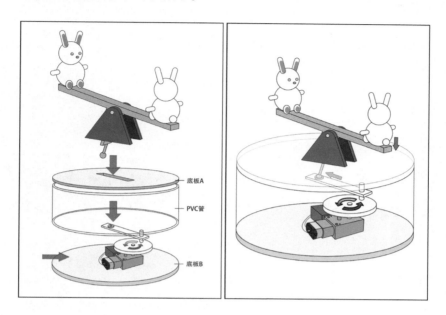

✿ 另附电池盒与减速马达线路的连接示意图。且可另外安装外接开关，方便控制跷跷板。

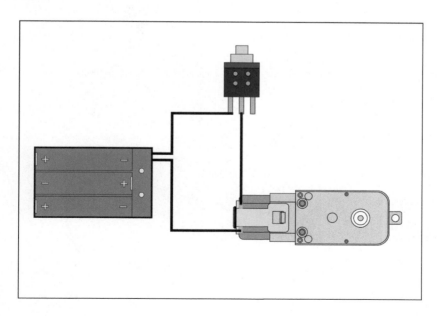

THE END

整体调整工作

⭐ 可以选择木头材料或者其他塑料材料制作跷跷板；

⭐ 读者可自行设计发散跷跷板的造型。

举一反三，创意发散

发散思维之小熊
Lateral Thinking

⭐ 黄色小熊通过强力磁铁吸附可以进行环绕转圈。

⭐ 在蓝色转盘旋转过程中，转盘上凸起的部分触碰到连接白色小熊的黑色开关时，小熊肚子就会发光。两只小熊就可以一个旋转一个亮灯了。

发散思维之宝箱
Lateral Thinking

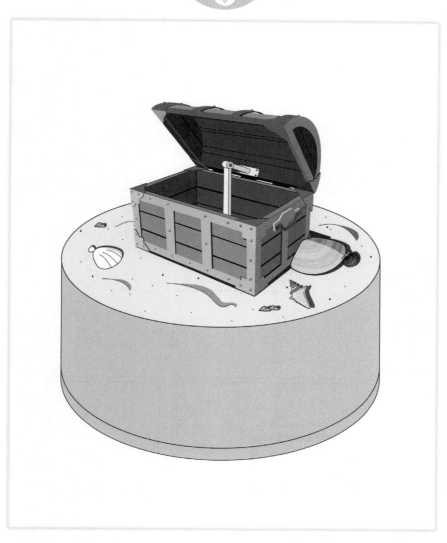

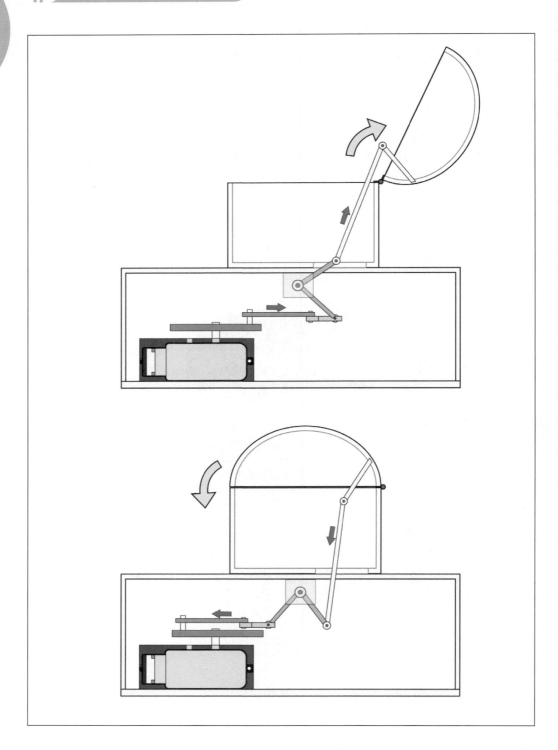

通过减速马达的转动，带动蓝色转盘，蓝色转盘进而通过旋转拉动连接宝箱盖子的联杆结构，就可以实现打开宝箱盖子和关闭宝箱盖子的动作。

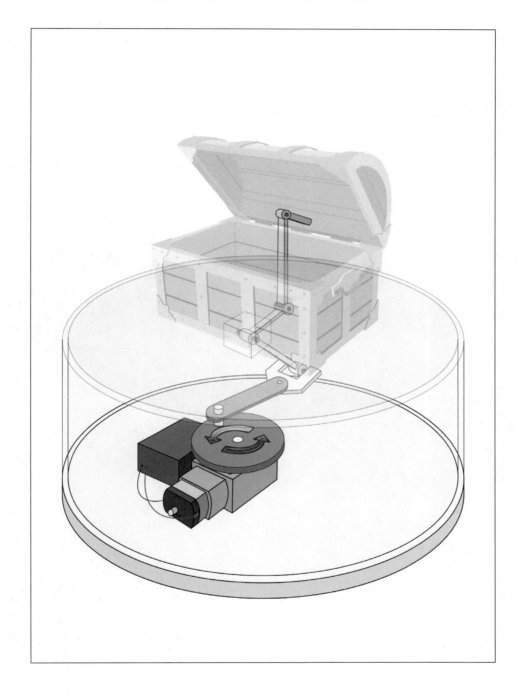

动感小车

　　这是一只骑着动感小车的小熊，它骑的小车可以利用蜗杆带动冠齿进行运动，让我们伴着齿轮的转动与小熊一起享受快乐的旅行吧。

Section7
动感小车机构大揭秘

准备工作

1.所需工具

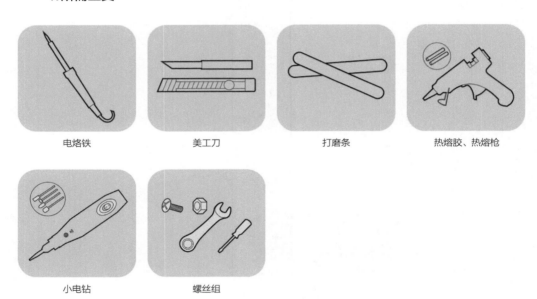

电烙铁	美工刀	打磨条	热熔胶、热熔枪
小电钻	螺丝组		

2.所需材料

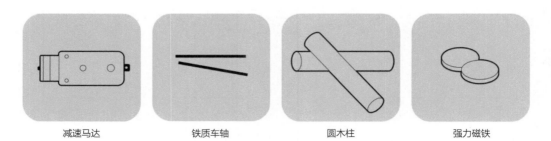

减速马达	铁质车轴	圆木柱	强力磁铁

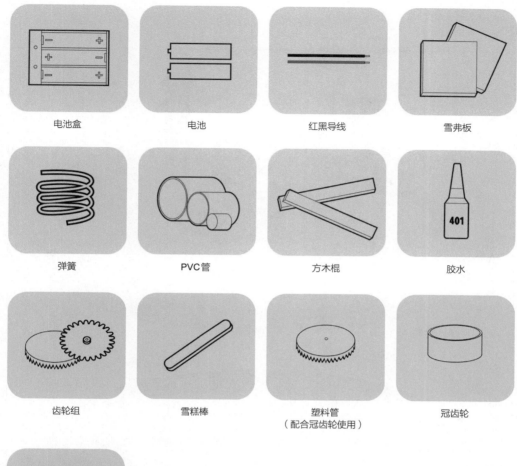

电池盒

电池

红黑导线

雪弗板

弹簧

PVC管

方木棍

胶水

齿轮组

雪糕棒

塑料管
（配合冠齿轮使用）

冠齿轮

玩具小车轮

3.结构分析图

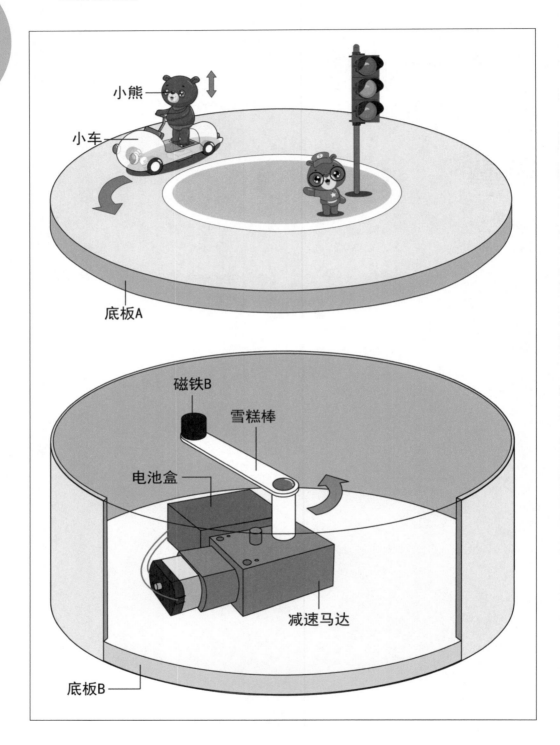

4.结构原理

⭐ 机构主动力来源：连接电池盒的减速马达。

⭐ 从动结构：通过马达带动镶有强力磁铁的雪糕棒，利用磁铁间的相互作用力拖动在底盘上镶有磁铁的小车进行运动。在驱动小车时，通过车轮间的蜗杆带动特制冠齿使小熊上下运动（注：图中使用的雪糕棒可以网购，也可以将平日吃完雪糕留下的雪糕棒洗干净后使用）。

5.尺寸图

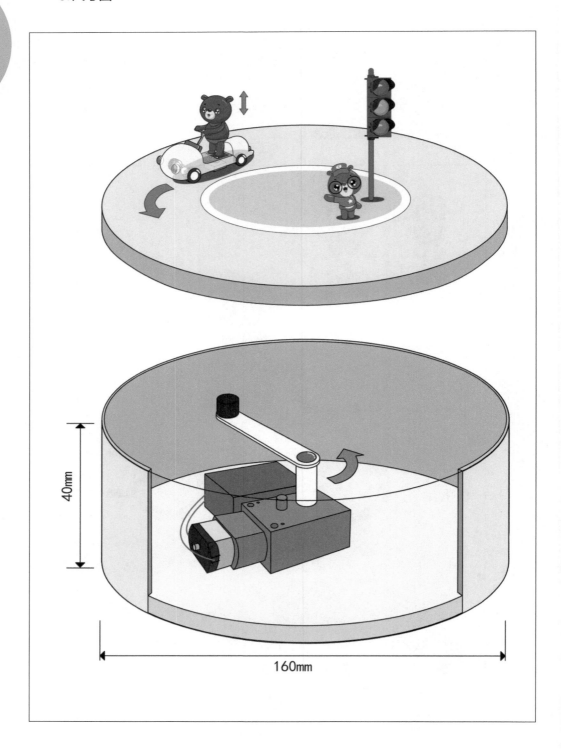

⋙➋ 开始制作

1.制作内部机构

⭐ 用红黑导线将减速马达与电池盒的正负极进行焊接，并进行通电测试。

⭐ 为模型选择合适的强力磁铁（本节选用直径为10mm的强力磁铁）。

⭐ 在雪糕棒一端粘上强力磁铁。

⭐ 将雪糕棒的另一端粘在减速马达的转轴上。

2.制作外观形态

⭐ 在木块（或高密度泡沫）上雕刻出小熊的头部、五官、身体、四肢。雕刻完大体形状后再用砂纸进行细节打磨，最后用小电钻为手脚关节位钻孔，为连接小熊手脚做准备。

⭐ 将制作好的小熊头部零件用401胶水粘贴，选用合适的螺丝组装小熊的手臂和腿脚关节（如图所示）。

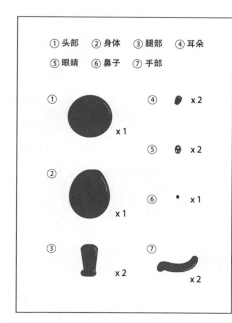

☻ 制作结构内部小零件：

（1）轴轮的制作：选择合适的小木棒，制作如图所示的特殊轴轮（注：尺寸可依据车身大小而定）。

（2）特制冠齿的制作：选择直径小于普通冠齿的小段塑料管，分别刻出4个半圆，然后打磨成如图所示均匀的波浪形，再用401胶水粘贴在普通冠齿上。

☆ 按如图所示的方法进行车轮组与特制冠齿、轴轮等零件的组装（注：为保证小车能够运转，需将车轴与冠齿及特制冠齿进行紧密贴合）。

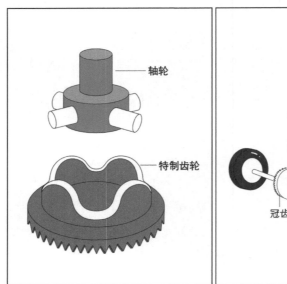

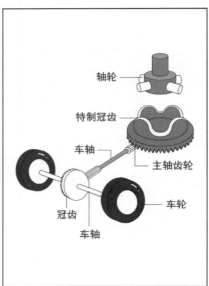

☆ 进行小车结构组装；

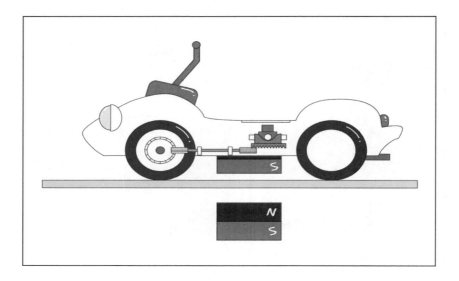

☆ 完成小熊与车身的组装。

3.制作底座

☆ 机构底座的制作：切割高度为40mm的PVC管作为动感小车的底座（注：范例选
用直径为160mm的PVC管）。

☆ 机构底板A、B的制作：用雪弗板切割出两个直径为160mm的圆作为机构的底盘
（注：底板大小根据范例选择的PVC管的直径尺寸而定）。

☆ 底座的组装顺序如右图所示。

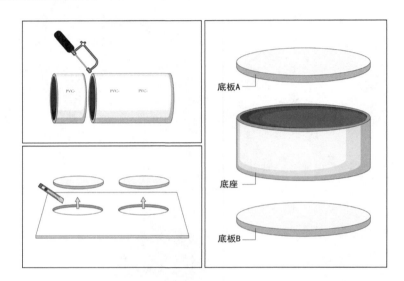

4.进行安装

☆ 将制作好的内部机构粘在底板B上。

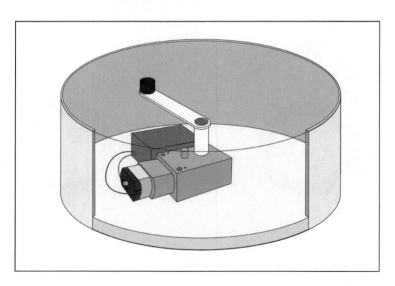

⭐ 最后将小车放置在底板A上靠近内部镶有磁铁的地方，就可以进行最后的通电试验了。

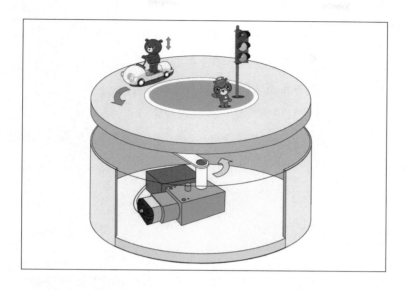

⭐ 另附电池盒与减速马达线路的连接示意图。且可另外安装外接开关，方便控制小车的行走。

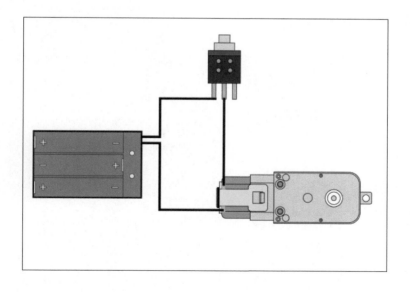

⟫⊃ THE END

整体调整工作

⭐ 制作好小熊的关节，将小熊的手固定在车把手上；

⭐ 将小熊的脚部镶嵌在车身内部并粘贴在轴承顶端；

⭐ 范例中小熊的制作材料为木块（或高密度泡沫），雕刻完外形后用白乳胶涂上 2~3层保护层，再用丙烯颜料上色（注：涂白乳胶是为了保持泡沫坚固，且表面涂胶后喷油漆、刷树脂才不会腐蚀泡沫）；

⭐ 小车的底座可自行进行美化设计。

⟫⊃ 举一反三，创意发散

发散思维之动感小车
Lateral Thinking

发散思维之动感小车
Lateral Thinking

本章小结

通过本章内容的学习以及动手制作小机构玩具，我们可以熟悉小机构的原理，进而发挥自己的创意，设计出新颖的小玩具，独立制作出属于自己的独一无二的作品，享受设计和创作带来的乐趣。

小练习

圣诞节是个温馨的节日，请利用本章所学知识，发散思维，设计制作一列圣诞无轨小火车吧。

第5章
综合实战——创意玩具设计与制作

学习目标

———

本章综合利用玩具设计的知识和机构原理，带读者
创造、制作新的玩具产品。

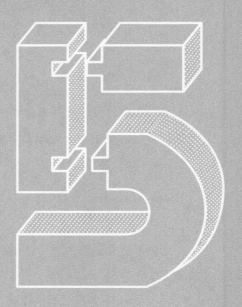

车水马龙
HEAVY TRAFFIC

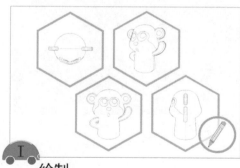

I 绘制

绘制二维图

II 雕刻

根据设定好的形象，选用聚氨酯发泡板雕刻

打磨

先用粗砂纸打磨，再用细砂纸进行美化打磨

涂胶

将白乳胶涂抹在雕刻好的模型上（涂胶次数根据效果确定）

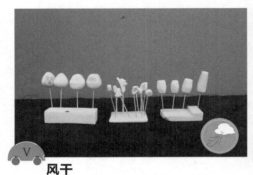

风干

用牙签支撑起模型，使模型更好地风干

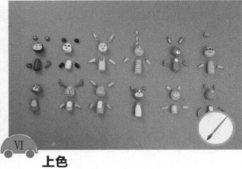

上色

等白乳胶完全干透后，用丙烯颜料上色，并绘制其细节

机构

依据模型设定好的动作进行机构的制作

拼装

最后将所有模型零部件及机构进行组合安装

⭐ 本案例无轨小车的机构参考第4章的Section4。

⭐ 根据车型的不同，选择合适的齿轮进行组合制作（如下图）。

主要机构解说

公仔形象模块图1

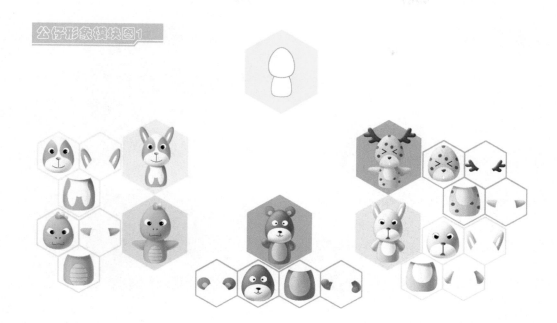

公仔形象模块图2

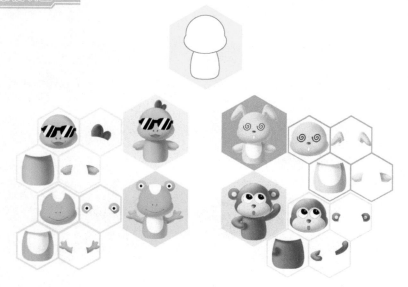

二维图绘制 2

钩车

滚车

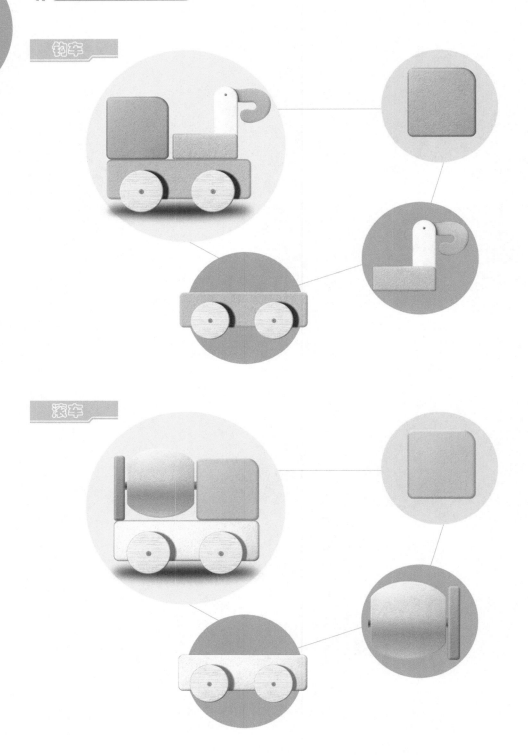

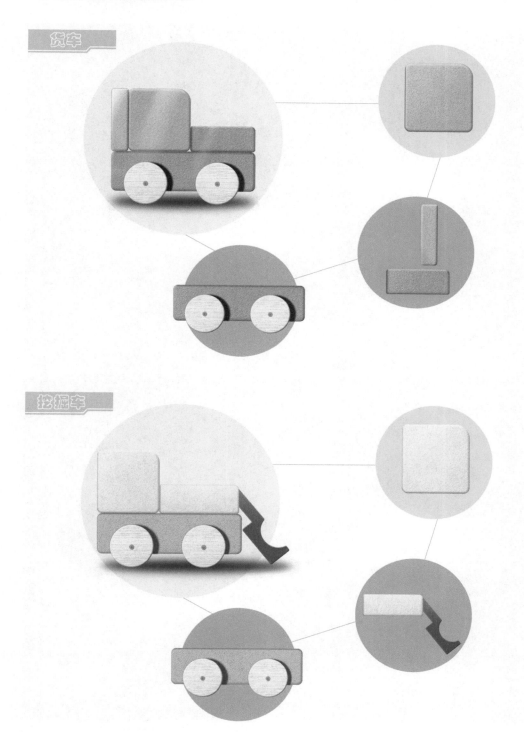

货车

挖掘车

⟫⟩ 三维图建模 1

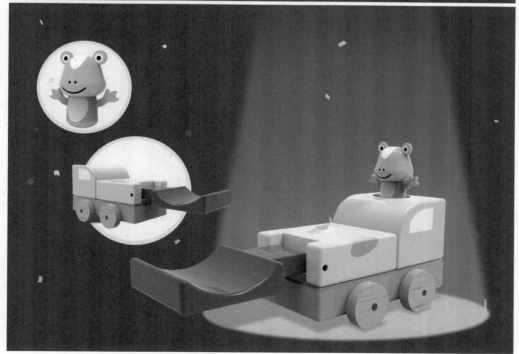

模型样板展示图

展示图

模型样板细节图

Section2

疯狂小鸡
CRAZY CHICKEN

I 绘制

绘制二维图

II 雕刻、打磨

根据设定好的形象，选用聚氨酯发泡板进行雕刻。
先用粗砂纸打磨，再用细砂纸进行美化打磨

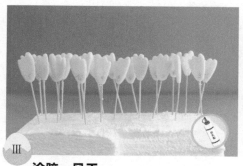

涂胶、风干

用白乳胶在雕刻好的模型上，多次进行涂抹，用牙签支撑起模型，使模型更好地风干

切割

在雪弗板上设定好场景图形，然后用30度角的美工刀将所需场景切出

上色

等白乳胶完全干透后，用丙烯颜料上色，并绘制其细节

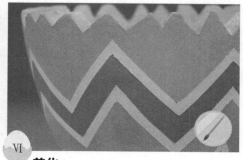

美化

采用美纹纸将鸡蛋图案贴在鸡蛋上，露出所需形状，然后就可以大胆地用丙烯在没有贴美纹纸上色

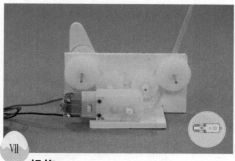

机构

依据模型设定好的动作进行机构制作

拼装

最后将所有模型零部件及机构进行安装

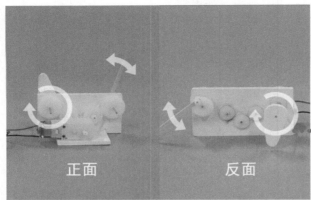

正面　　　　　　　　　　反面

马达带动齿轮旋转，当凸齿轮的凸起部位旋转到上方，小鸡随之升起，形成升降运动；如图所示，用车轴将齿轮与小木棍连接起来；为使小鸡手臂上下摆动，小木棍需通过车轴与齿轮进行连接，连接方法如图所示。

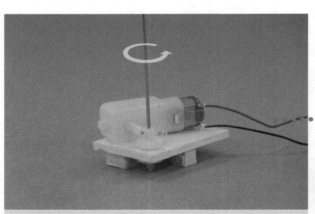

选用蜗杆齿轮通过车轴与减速马达连接；另将一车轴与主轴齿轮连接；将两个齿轮卡到恰当位置，并固定底部；马达带动齿轮转动，使小鸡原地旋转。

A 2D平面图

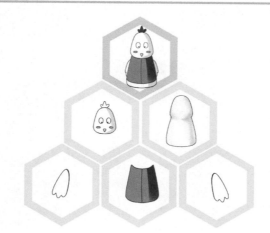

B 2D平面图

第5章 综合实战——创意玩具设计与制作

C 2D平面图

D 2D平面图

2D平面图

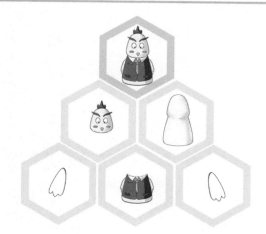

2D平面图

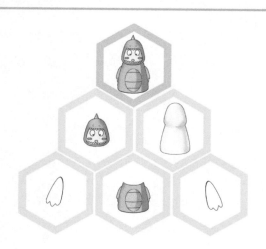

G　2D平面图

H　2D平面图

2D平面图

2D平面图

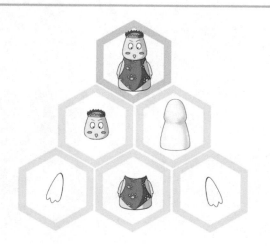

模型样板展示

展示图

CRAZY CHICKEN

细节图

TOY DESIGN.

Section3

精灵影院
ELF CINEMA

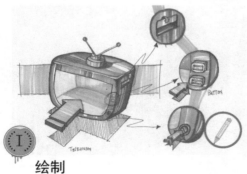

I 绘制

绘制草图

II 雕刻

根据设定好的电视机人物，选用聚氨酯发泡板雕刻
卡通形象（对于大体积发泡板使用电热丝泡沫切割器）

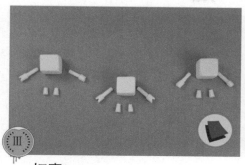

打磨
先用粗砂纸打磨，再用细砂纸进行美化打磨

涂胶
将白乳胶涂抹在雕刻好的模型上（涂胶次数根据效果确定）

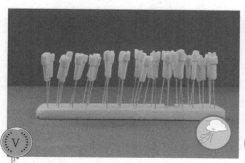

风干
用牙签支撑起模型，使模型更好地风干

上色
等白乳胶完全干透后，用丙烯颜料上色，并绘制其细节

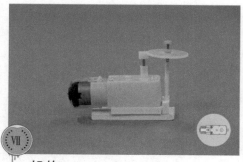

机构
依据模型设定好的动作进行机构制作

拼装
最后将所有模型零部件及机构进行组合安装

第5章 综合实战——创意玩具设计与制作

机构解说

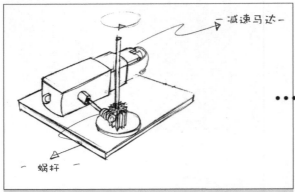

根据所需将齿轮、车轴、减速马达连接；
将两个齿轮卡到恰当的位置，并固定底部
（起到减速作用）；
马达带动齿轮转动，使电视机中的柠檬原
地旋转。

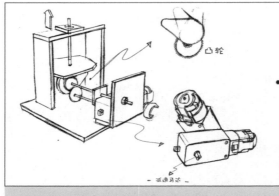

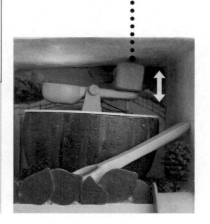

用雪弗板切割出凸齿轮，车轴穿过凸齿轮
的中心；
马达带动齿轮旋转，当凸齿轮的凸起部位
旋转到上方，勺子随之升起，形成升降运
动。

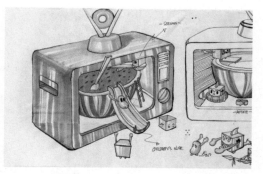

▢ 影院草图

▢ 西瓜影院

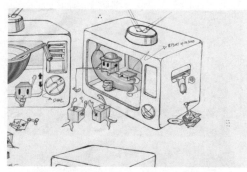

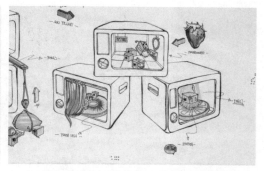

▢ 香蕉影院

▢ 奇异果、柠檬、草莓影院

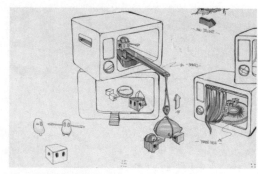

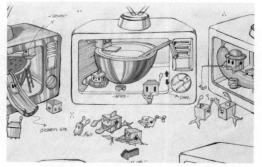

▢ 苹果影院

▢ 椰子影院

第 5 章　综合实战——创意玩具设计与制作

模型样板展示图

展示图

ELF CINEMA

细节图

TOY DESIGN.

童幻奇缘
CHILDREN MAGIC COLORS

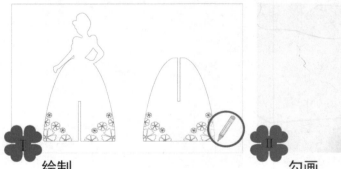

绘制
绘制二维图

勾画
剪出所需场景图形，将其贴在雪弗板上，用铅笔
勾画出图形

切割
用30度角的美工刀切割场景（注：切割时美工刀要
垂直雪弗板，避免出现切歪现象）

喷漆
对模型进行喷漆（注：喷漆时，喷头应该离物体稍高
一点，快速喷扫，使效果更均匀）

风干
喷完漆应放置阴凉地方风干，避免曝晒

雕刻
把设计好的人物形象用激光雕刻机雕刻完成

机构
依据模型设定好的动作进行机构的制作

拼装
最后将所有模型零部件及机构进行组合安装

主要机构解说

选用主轴齿轮通过车轴与减速马达连接；

将另一车轴穿过大齿轮中心；

将两个齿轮卡到恰当的位置，并固定底部
（起到减速作用）；

马达带动齿轮转动，使小公主原地旋转。

三维图建模

▲ 金色梦想

▲ 粉色精灵

▲ 紫色浪漫

▲ 蓝色梦幻

▲ 绿野仙踪

▲ 小公主模型

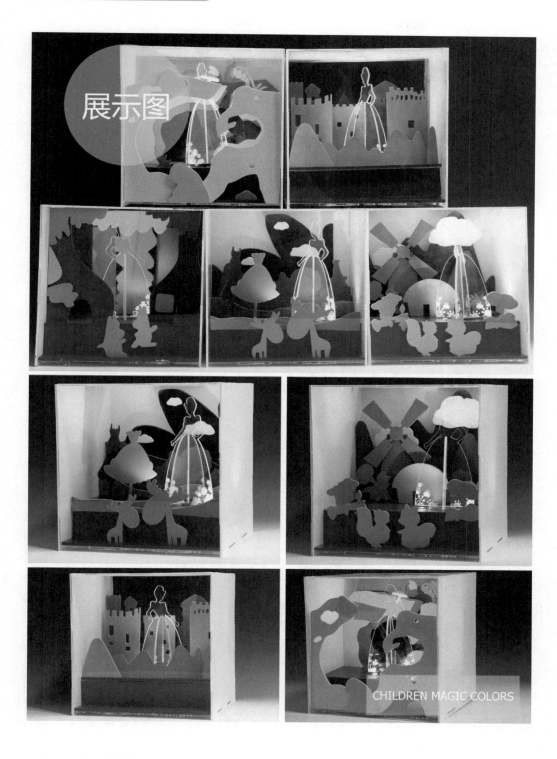

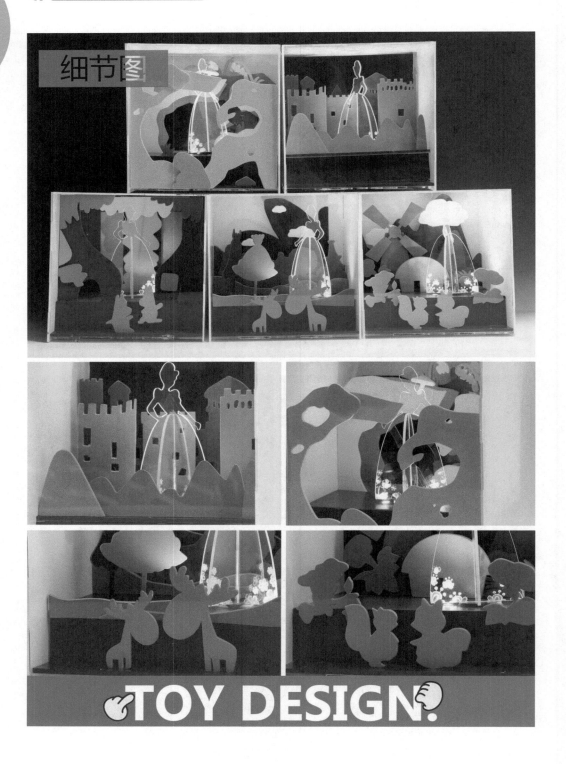

Section5

牙科医生
THE DENTIST

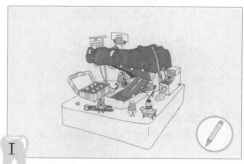

I **绘制**

绘制草图

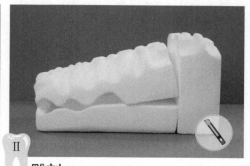

II **雕刻**

模型材料选用聚氨酯发泡板（又称高密度泡沫），
动物的造型用美工刀进行雕刻

III 打磨

先用粗砂纸打磨，再用细砂纸进行美化打磨

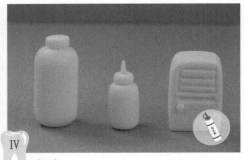

IV 涂胶

将白乳胶涂抹在雕刻好的模型上（涂胶次数根据效果确定）

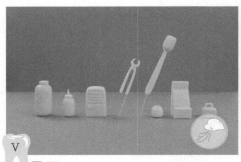

V 风干

用牙签支撑起模型，使模型得到更好的保护并尽快风干

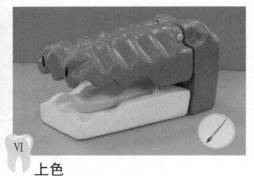

VI 上色

等白乳胶完全干透后，用丙烯颜料上色，并绘制其细节

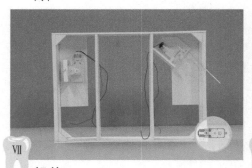

VII 机构

依据模型设定好的动作进行机构的制作

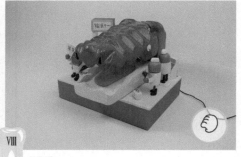

VIII 拼装

最后将所有模型零部件及机构进行组合安装

将车轴穿过小齿轮与减速马达连接；

另一长车轴穿过大齿轮中心；

将两个齿轮咬合到恰当的位置，并固定底部
（起到减速作用）；

马达带动齿轮转动从而使小鸟自转。

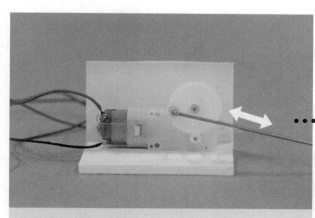

将齿轮与铁线连接；

将车轴穿过齿轮中心，并连接减速马达；

马达带动齿轮，铁线根据齿轮的转动而运动，
从而使小鸟左右摆动。

第5章 综合实战——创意玩具设计与制作

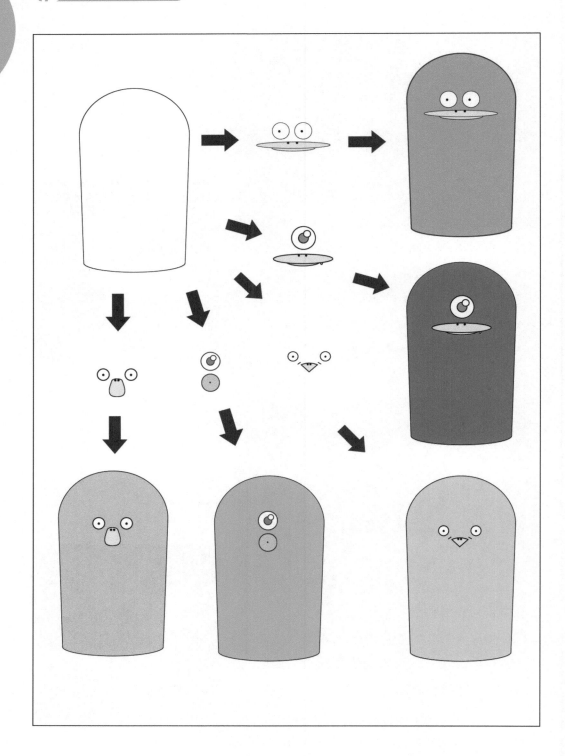

玩具设计与制作项目教程
——从小机构到大神奇

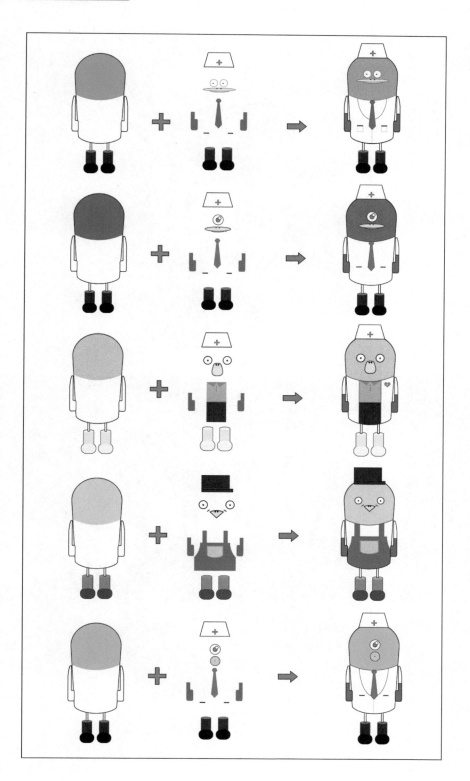

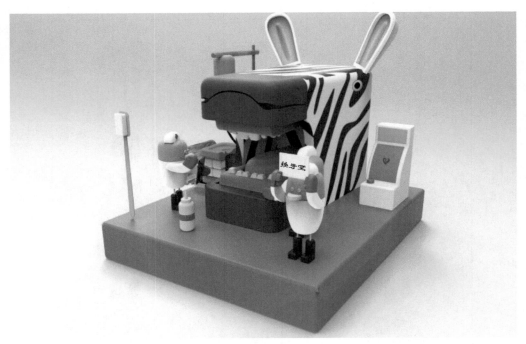

换牙室 1

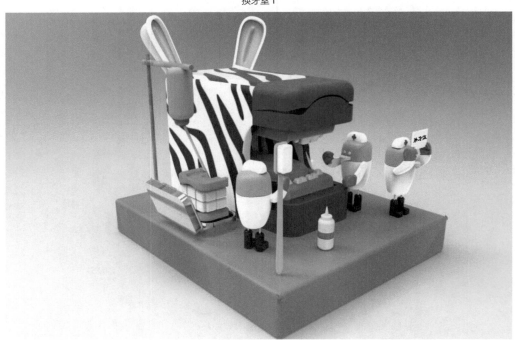

换牙室 2

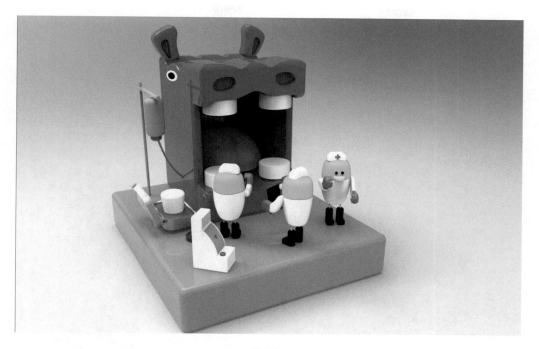

治疗室

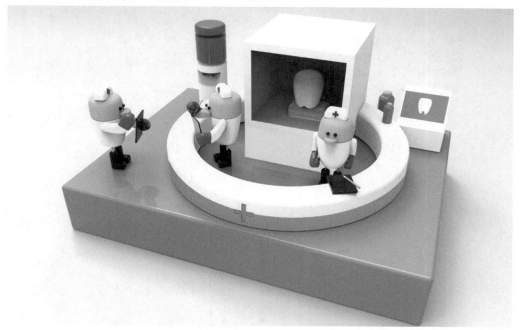

护士站

〉〉 模型样板展示图

展示图

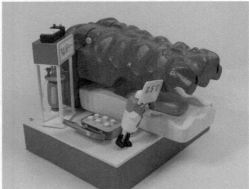

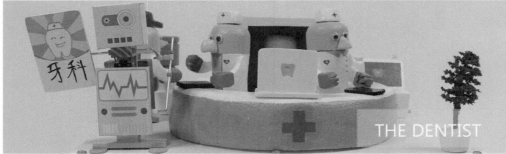

THE DENTIST

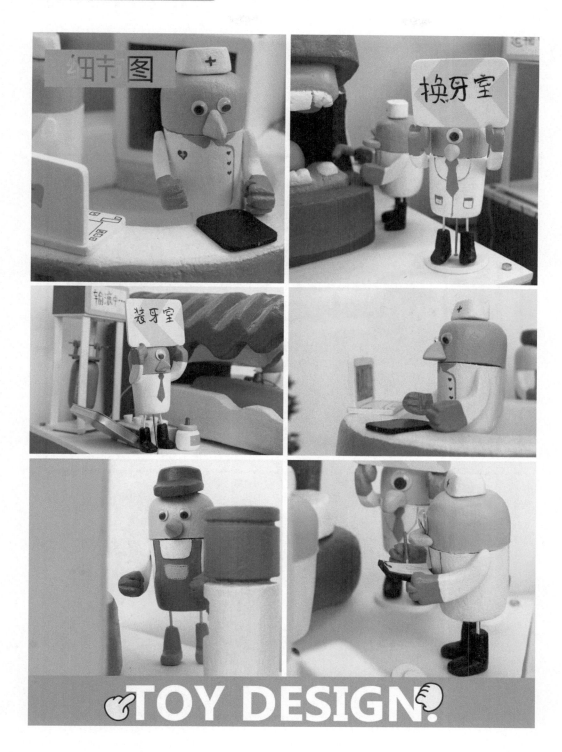

直冲云霄
TRIUMPH IN THE SKY

Ⅰ

细节
制作细节部件

Ⅱ

制作
制作人物结构

上色

用丙烯颜料勾画出人物形象

粘贴

用401胶水将人物零部件粘贴完成

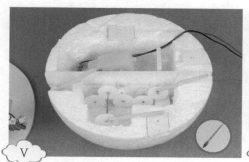

底部

选用泡沫球切半,制作底部;
在泡沫内对应位置挖空,放置机构

场景

在雪弗板上设定好场景图形,然后用30度角的
美工刀将所需场景切出,并用不织布装饰

机构

依据模型设定好的动作进行机构制作

拼装

最后将所有模型零部件及机构进行组合安装

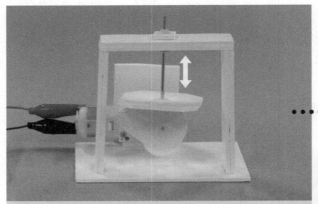

用雪弗板切割出凸齿轮，车轴穿过凸齿轮的中心；

马达带动齿轮旋转，当凸齿轮的凸起部位旋转到上方，加菲猫随之升起，形成升降运动。

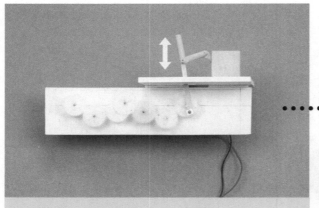

将齿轮与小木棍连接；

将车轴穿过齿轮中心，并连接减速马达；

马达带动齿轮，小木棍与齿轮的连接处根据齿轮的转动而变动，从而使手臂运动。

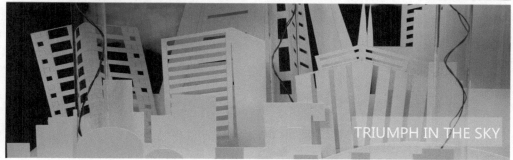

模型样板细节图

本章小结

一个看似简单的小机构加上创意就可以设计出不同的产品。玩具设计是创造快乐的设计，灵感来自于生活中的点点滴滴，一个好的设计师无疑是生活中的有心人。请大胆地发挥你的创意，让你的创意创造奇迹吧。

小练习

马戏团是个一充满神奇和梦幻的地方，请自己设计制作一组精彩的马戏玩具（提示：可以利用本书提到的小机构进行发散，如跳铁环的狮子、滚球的小狗等，相信你的创意将更加精彩）。